絶望のテレビ報道

安倍宏行
Abe Hiroyuki

PHP新書

はじめに

二〇一三年九月。私は二十一年間勤めたフジテレビに別れを告げた。なぜか？　その答えがこの本だ。

私がフジテレビに入社したのは三十六歳の時。自動車メーカーから転職した。もともとはメーカーの人間だったのだ。どうしても貿易に携わりたくて、車を中近東の市場に輸出したり、海外から部品を購入したり、中長期の海外事業計画などを作って十三年。しかし、その会社が経営の舵《かじ》取りを誤り、巨額の有利子負債を抱えて経営危機に陥った。必死に海外メーカーとの提携先を模索していた時、まだバブルの残滓《ざんし》があり、多くの社員が我先にと転職していった。私も転職先を探していたが、同業他社に行く気はさらさらなく、どうせなら人生をリセットしてまったく新しい仕事にチャレンジしようと、いろいろな会社を物色していた。

その時、目に留まったのが、中途採用を実施していたフジテレビだったのだ。同時に他のキー局も中途採用を実施していたが、信頼できる先輩に事前に相談したら、フジテレビは元気があっていいぞ、とのことだったので、フジテレビだけを受けた。テレビ局にどんな仕事があるかよく分かっていなかったので、とりあえず面接では「報道志望」と言ったのだが、出てくる面接官という面接官が「報道？　やめたほうがいいんじゃないか？」と諦めさせようとするので、ますます意固地になり、「いいえ、報道でお願いします」と言って合格した。三〇〇〇人応募があり、一〇人が合格した。

活字メディアから来た二人と、メーカー出身の私の計三人が報道局に配属され、二カ月後には記者となり、マイクを握っていた。最初は右も左も分からなかったが、とにかく場数をこなすしかないと思い、遮二無二《しゃにむに》働いた。通産省（当時）、大蔵省（当時）担当記者を経て、総理官邸キャップ（村山内閣、橋本内閣当時）ときて、これから政治部で行くのかな、と思っていたら、希望も出していなかったのに、なぜかニューヨーク特派員となった。その後、五年間、戻って来られなかった。

そして、帰任して間もなく、二〇〇二年に夜の番組、『ニュースＪＡＰＡＮ』のキャスターを拝命した。一緒に呼ばれたのが、当時社会人三年生の滝川クリステルさんだ。

まだ無名の、あどけなさの残る二十五歳の彼女と、髭《ひげ》のおっさんのコンビは、当時人気者だったあごひげアザラシの〝タマちゃん〟人気もあってか話題になり、スポーツ紙に〝あごひげキャスター誕生〟との見出しが躍った。なにしろ二人してキャスターをやれ、と言われたのが十月の番組改編の直前、九月に入ってから。スタートまで一カ月を切っていた。キャスターとしての心構えも準備もできておらず、リハーサルは本番開始の二～三日前の一回のみ。ぶっつけ本番みたいなものだ。いざ番組がスタートすると、初めのうちは、原稿は噛《か》み噛《か》みで、ネット上では「早く交代させろ！」「元のアナウンサーに戻せ！」の大合唱。辛《つら》かった。

が、半年もたつと慣れてきて、視聴率も時には二桁を記録するなど、まあまあの成績となってきた。ライバル番組の日本テレビ系列の『NNNきょうの出来事』に勝つことも時々あった。

そして、一年後、さあ、これから、と思っていたら、今度は経済部長になり、番組はもういいよと言われ、部員をひっさげ、経済ニュースを追いかけた。その後、解説委員となり、二〇〇九年から『BSフジLIVE　プライムニュース』という大型報道番組の立ち上げに関わった。二時間生放送の番組を、四年間で二〇〇〇本近く制作した。とにかく、二十一年間、本当にさまざまなニュースを追いかけてきた。

世の中には、大手メディアを批判したり揶揄《やゆ》したりする本があふれているが、テレビの報道マンほど日々真面目に、真剣に、わが身を削ってニュースを世の中に一秒でも早く送り届けようと奮闘している人間はいない。英語でいえば24／7（トゥエンティーフォー・セブン）。文字通り、毎日二十四時間、気の休まる時はない。そうして地道に取材を重ね二十一年、報道マンとしての自負も持っていた。

しかし、そんなプライドは社会には通用しないことがだんだん分かってきた。いつの間にか、既存メディア、つまり大手の新聞やテレビは、マスゴミなどと侮蔑され、時として「嘘《うそ》つき」呼ばわりまでされることになってしまった。

何が原因だったのだろう？　私は、インターネットの普及だと思う。インターネットは産業革命に匹敵する、いやそれをも凌駕《りょうが》するほど、社会に変革をもたらし続けている。しかし、日本の新聞、テレビの既存メディアはその変革の波に乗っているだろうか？　答えはいうまでもなく〝否〟だ。

インターネット、とりわけSNS（Social Networking Service：ソーシャル・ネットワーキング・サービス。ツイッターやフェイスブック）の誕生が、既存メディアの陳腐化に拍車をかけた。ウィキリークス（WikiLeaks）は、既存メディアから編集権を奪った。リーク情報は個人がネットに勝手にアップロードすることが可能になってしまった。インターネットのおかげで、既存メディアが独占していた情報は、人々の手に渡った。誰もが瞬時に情報をインターネットに上げることができる時代。人間一人ひとりがメディア化し、テレビは速報性でインターネットの後塵《こうじん》を拝することになった。そういう環境に置かれていることを理解しようとせず、テレビ報道は変化してこなかった。ＩＴ企業に買収を仕掛けられたトラウマから、インターネットを使った配信に慎重になりすぎて、大きく出遅れた。

また、視聴率競争に明け暮れ、挙句の果てに〝やらせ〟事件を頻繁に起こし、テレビ報道の信頼性を大きく毀損《きそん》させた。東日本大震災後の報道でも、政府の情報をただ垂れ流していただけ、との批判を浴びたが、それに対して明確な回答を提示できないまま時が過ぎている。

テレビの中の人たちは、「どうせ一過性の批判だろう」と高を括《くく》り、この十年間、新しいチャレンジをしてこなかった。その結果、テレビ報道は、インターネットを使った配信で後れを取り、旧態依然としたメディアというイメージがすっかり定着してしまった。

この〝絶望的な状況〟の下《もと》、テレビの報道マンたちは、自分たちは何のために仕事をしているのか、という目的を見失っているように思える。プライドを持って取材していた日々を、どうしたら取り戻すことができるのだろうか。

〝脱芸能・脱グルメ・報道回帰〟をいくら声高に叫んだところで、視聴率が下がれば意味がない、とされるのが今のテレビ局である。真に報道すべきニュースも、視聴率が取れなければ時間を割《さ》いて放送することができないのが現実だ。逆に、視聴率におもねるあまり、視聴者から見放されてしまうという矛盾が生じているのだ。

テレビが社会と少しずつ〝ズレて〟いった一例を挙げよう。

フジテレビに関していえば、記憶に新しいのは、〝韓流《はんりゅう》押し事件〟だろう。フジテレビが無理やり韓国寄りの放送を続けているとして、ネット上で激しく批判され、さらに右翼団体からも執拗《しつよう》な抗議を受けた事件である。

発端は二〇一一年夏、某タレントがツイッターで、フジテレビが韓流ドラマを流しすぎている、と批判的なツイートをしたことだ。当時フジテレビ系列では『韓流α《アルファ》』と題する枠で韓国ドラマを放送していた（二〇一〇年一月十一日から二〇一二年八月二十二日まで、月～金曜の十四時七分～十六時五十三分。二〇一二年四月二日より十五時五十二分～十六時五十分）。確かに他の系列局より、韓国ドラマの放送時間が長かったのは事実であるが、フジテレビ内には〝韓流押し〟などという空気はまったくなかった。単に、営業的な理由で韓流ドラマを流していたにすぎなかった。

しかし、批判は止《や》まない。とうとう矛先は番組のスポンサーにおよび、不買運動が呼びかけられた。さらに、フジテレビに右翼団体がデモを呼びかけ、数百名の人が集まり、その様子がUstreamなどでネット中継される、という騒ぎにまでなった。日増しにネット上で盛り上がるフジテレビ批判に対し、報道局にいた人間として大いに違和感があった。もちろん他の社員も同様だったろう。

なぜなら、フジテレビは放送法(注1)を守らなければならない一放送事業者であり、特定の思

（注1）放送法
第2章　放送番組の編集等に関する通則
（国内放送等の放送番組の編集等）
第4条　放送事業者は、国内放送及び内外放送（以下「国内放送等」という。）の放送番組の編集に当たつては、次の各号の定めるところによらなければならない。
一　公安及び善良な風俗を害しないこと。
二　政治的に公平であること。
三　報道は事実をまげないですること。
四　意見が対立している問題については、できるだけ多くの角度から論点を明らかにすること。

想や国家を支持したり、そうした意図の下に番組編成や番組制作をしたりすることなど考えられないからだ。だから、右翼団体の抗議には「なぜ?」とかなり不思議に思っていた。

しかし、ネット空間の〝炎上〟とは恐ろしいもので、とどまるところを知らない。

当時、報道局員としては珍しく、実名でツイッターにアカウントを持っていた私に、とあるジャーナリストが聞いてきた。サッカーの試合における〝韓日戦〟表記の問題である。二〇一〇年十月のサッカーの日本対韓国の国際親善試合の際、フジテレビのスポーツ番組『すぽると!』内で、〝韓日戦〟とのテロップが流れたことに対する批判が巻き起こったのだ。

なぜ、〝日韓戦〟でなく、〝韓国〟を先に持ってきたのか?という批判がネットの掲示板などに書き込まれた。フジテレビに対する批判の矛先は、過去の放送内容にまでおよび始めたのだ。その件で、そのジャーナリストは、フジテレビの記者である私と相互フォローをしていたことから、「実際、フジテレビにはなんらかの意図があって〝韓日戦〟というテロップを出したのか」と聞いてきたのだ。

私は早速、スポーツ番組を制作しているスポーツ局の人間に聞いてみた。すると、「FIFA（国際サッカー連盟）の取り決めで、試合の表記は、開催国のほうを先にすることになっている」との回答を得た。早速、問い合わせてきた人に説明したが、風評はネット上でどんどん拡散され、いつの間にかフジテレビは〝韓流押し〟のテレビ局、というレッテルを貼られてしまった。

事実と違うことで社会に誤解を受け、批判されるのは社員として嬉《うれ》しいことではない。会社としての公式見解を早く出したほうがいいな、と個人的に思っていた。

結局、フジテレビがさまざまな批判に答えるため、「皆様へ」と題する公式見解を発表したのは、二〇一一年九月二日になってからだった。

皆様へ

2011年9月2日

最近フジテレビに寄せられたご質問、ご意見について、正しい情報、状況をご理解いただくために、以下ご説明させていただきます。

〈フジ・メディア・ホールディングスの外国人持ち株比率について〉

○認定放送持株会社であるフジ・メディア・ホールディングス（FMH）は、放送法により、外国人株主の議決権比率が20％未満であることが定められています。

この制限は、議決権保有が確定していない〈株式保有者の比率制限〉ではなく〈議決権を有する株主の比率制限〉です。FMHは〈株式保有者〉の中から、議決権を有する〈株主〉として認めるための株主名簿確定作業を行う際に、外国人の〈株式保有者〉が20％以上であった場合は、その超過分について議決権を有する〈株主〉への登録を拒否することが法律で認められています。従って〈議決権を有する外国人株主比率〉は法律に則《のっと》り常に20％未満で抑えられており、「放送法違反」に該当することはございません。

なお、証券保管振替機構により日々開示されているＦＭＨの外国人保有比率は、特に外国人の保有比率が20％以上であった場合、株式を保有しても〈議決権を有する株主（株主総会へ出席することや経営への意思を表明する権利を有する株主）〉にはなれない可能性があることを外国人に注意喚起するためのものです。

ただし、議決権を持たなくても、売買差益及び配当を目的として株式を保有することは自由であり、法的な制限は加えられておりません。なお、日本の上場会社における外国人株式保有比率は２０１０年度で26・７％であり、ＦＭＨの外国人株式保有比率は平均的な水準です。

〈編成方針および番組制作について〉

○フジテレビでは、放送法に定められた自社番組編成の編成権を堅持した上で、広く視聴者ニーズにお応えできるような番組制作・編成を行っております。韓流ドラマが多いのでは？というご批判がありますが、韓国制作の番組やアメリカ制作の番組も含め、どのような番組を放送するかは、総合的かつ客観的に判断し決めております。

○また、グループ会社が音楽著作権を所有している楽曲を、番組やイベントなどで使用し宣伝行為を行っているというご意見がありますが、グループ会社の楽曲かどうかではなく、番組やイベント内容に適した作品を使用しています。上記の番組編成、制作方針同様、制作の自主性を重んじ、より良い番組作りのために効果的な楽曲を使用するという基本方針を大事にしております。

〈スポーツ中継の表彰式の放送について〉

○スポーツ中継では、リアルタイムで制作し放送するに当たり、次々に入ってくる膨大な映像、情報を処理するための判断、作業が要求されます。その結果、番組の放送時間の制約、もしくは映像や情報の入ってくるタイミングなどで、放送できない情報が出るケースもあります。

フジテレビが近年毎年放送している『世界フィギュアスケート選手権』で、日本の国旗掲揚、国歌斉唱シーンの放送が意図的にカットされているのではないかというご指摘があります。

これについては、過去5大会のうち、3大会（2008年、2009年、2011年）は放送をしています。2007年と2010年は競技の模様を優先し、優勝者へのメダル授与シーンのみを放送しています。これは、あくまでも放送時間および番組構成上の理由であり、それ以上の意図はありません。

他のスポーツの国際大会の放送で同様のことがある場合も上記と同じ理由によるものです。

〈FIFA主催のサッカー中継における表記について〉

○フジテレビでは、FIFA（国際サッカー連盟）公認の試合を放送上で表記する場合、FIFAの公式ホームページに表記されている正式大会名称に則った番組タイトルとして、ホーム＆アウェイの関係から開催国（ホーム）を前に、対戦相手国（アウェイ）を後に表記するのを基本として来ました。

○２０１０年10月12日のサッカー日本代表の親善試合、対韓国戦についても、韓国で開催されたため、ＦＩＦＡ公式ホームページでも国際親善試合「韓国対日本」という名称となっており、ＪＦＡ（日本サッカー協会）の公式リリースも同じ順番の表記となっています。

なお、10月４日、５日のスポーツニュース番組「すぽると！」では「韓国対日本」を略す形で「韓日戦」とコメント及び表記をしておりましたが、これに対して多数のご批判を頂きました。これは上記の理由から使用したもので他意はありません。

尚、現在では一般に馴染みのある「日韓戦」と言う表記も使用しております。

以上、皆様には、より一層のご理解をいただきたく、何卒よろしくお願い申し上げます。

フジテレビジョン

こうしたフジテレビの対応にもかかわらず、ネット上の批判は沈静化しなかった。この問題は、報道局が直接対処すべき問題ではなかったが、社として、編成を中心にもっと早く対処していたら、ここまで騒ぎは広がらなかったのではないか、という思いは今でもある。

ネットで拡散されたデマは、SNSで打ち消すのが効果的である。しかし、実名でSNSに情報発信しているフジテレビの局員は少なく、ネット上の批判を黙って見ているだけ、という状態が続いた。反論するすべもなく、一方的に批判を甘受する結果に〝今でも〟なっていることは残念だ。

社としての公式見解も大事だが、社員一人ひとりが根拠のない批判にも耳を傾ける謙虚さは重要だ。必要とあれば個々人が社会に対し情報発信をしていく。社員一人ひとりが、そんな気概を示さなければ、会社の評価・価値は毀損していく一方だろう。社員が傍観者であってはならない、というのが筆者の考えだ。〝ウジテレビ〟などと揶揄されて嬉しいわけもない。反論すべきは堂々と反論していく、という姿勢に欠けていたのではないか。

〝どうせ一部のネトウヨが騒いでいるだけ〟〝いつか（テレビ批判は）収まるだろう〟〝大した影響はない〟という空気が社内にあったことは否めない。一部の担当部署に任せっきりで、大方の社員は高を括っていたことが、後の東日本大震災以降の既存メディア批判につながっていったのではないか。

なぜ、こんなことになってしまったのか。

テレビ局に対する厳しい批判、その原因を根本から分析することによって、今後のメディアのあり方が見えてくるのではないか。そう考えて筆をとることにした。この本は単なるテレビ批判の本ではない。批判を超えて、絶望的状況からかすかな希望を見出《みいだ》し、これからのメディアの進むべき道を考えるための本である。

絶望のテレビ報道　目次

第三章　テレビを取り巻く激動の環境変化

第六章 テレビはなぜネットに勝てないのか？

第一章
絶望のテレビ報道

昨今、「テレビニュースがつまらなくなった」とよく聞かれる。その原因はさまざまあるが、第一章ではいくつかの要因を挙げて、テレビの問題点を追究してみたい。

ニュース番組のエンタメ化とワイドショーとの垣根の消失

■ニュース番組の信頼性の低下

よくも悪くも日本のテレビニュースは純粋なニュース番組とはいえない。エンタメとも違うが、そうした要素がふんだんにちりばめられているのが実態だ。特に夕方のニュースは各キー局、視聴率競争に最も力を入れているが、純粋なニュースの時間は少なく、残りは、エンタメ・スポーツと、「特報」と呼ばれる十分～十五分の企画モノである。

各局、似たようなこのコーナーがあるのはなぜか。それは「特報」で視聴率を稼げば、番組全体の平均視聴率も相対的に上がるからだ。なにせ毎日放送しているわけだから、そうそう面白いネタがあるわけでもなく、どうしてもマンネリになってしまう。よくあるネタは次のようなものである。

- 食べ物
- 旅行
- 万引き
- 警察・消防密着
- 外国人妻
- 交通危険地帯発見

みなどこかで見たことあるようなネタばかりだろう。どのテレビ局のディレクターも思いつくのは同じようなネタなので、どこのチャンネルでも、似たり寄ったりの企画を流していることになる。なぜこの特報を止められないかというと、視聴率がいいからだ。特報で視聴率を稼ぐことができれば、番組全体の視聴率も上がる。いわば麻薬みたいなものだ。一度やり始めると止めることができない。

しかし、中身は報道とはかけ離れていく、というジレンマに陥《おちい》ることになる。

こうした長尺の特報は毎日放送されているから、複数の外部制作会社に丸投げしていることがほとんどだ。斬新で、面白い企画を作るのは、簡単ではない。

しかし、締め切りは確実に来る。そのプレッシャーから、実際に企画を制作しているディレクターが、時としてやらせまがいのことを行う可能性がある。

無論テレビ局も手をこまねいているわけではない。完成して納品される前、つまりただ単純に映像をラフにつないだだけの段階で、ディレクターからPD（Program Director：プログラム・ディレクター）がプレゼンを受ける。疑問に思う点、取材が不十分な点はその段階で指摘され、問題点はつぶされるはずである。

しかし、どの局でもやらせが一〇〇％なくならないのは、最終的には制作者の倫理観に頼らざるを得ないからだ。

やらせの具体例を挙げよう。やらせにもいろいろなパターンがある。よくあるのは、次のパターンである。

- インタビューした人間が制作側によって仕込まれた人物だった。
- インタビューを時系列的に編集せず、撮影した時間帯を故意に前後させて、ストーリー上都合よく編集した。
- 登場人物が最初から身内だった。

・データが改ざんされたものだった。

次に、過去の大きなやらせの例をざっと見てみる。

一九八五年　テレビ朝日『アフタヌーンショー』

・やらせリンチ事件。

八月、東京都福生市内の多摩川河川敷で不良中学生の少女数十人がバーベキューをしていたところ、元暴走族の男が少女二人をそそのかし、中学生五人にリンチを加えて怪我《けが》をさせたという映像を、「激写！　中学女番長‼　セックスリンチ全告白」というテーマで放送。このリンチは番組ディレクターが暴走族への指示で行ったやらせだったことが判明。このディレクターは暴行教唆で逮捕、懲戒解雇された。番組は打ち切り。

二〇〇五年　テレビ東京『教えて！ウルトラ実験隊』

・データ虚偽で打ち切り。

番組で花粉症対策「舌下減感作療法」を紹介。治療効果があったかのように放送したが、実験はまったく行っていなかった。

二〇〇七年　関西テレビ（フジテレビ系列）『発掘！あるある大事典Ⅱ』

・虚偽データを用いて納豆が健康にいい、との番組を制作（後述）。

二〇〇八年　日本テレビ『真相報道バンキシャ！』

・虚偽証言を基に報道（後述）。

二〇一〇年　フジテレビ『Mr．サンデー』

・インタビューの仕込み。

付録付きの女性雑誌が部数を伸ばしているというネタで、道を歩いている女性がインタビューに答えている場面が放送されたが、その女性はあらかじめ仕込んでいた女性だった。

二〇一二年　関西テレビ（フジテレビ系列）『FNNスーパーニュースアンカー』

・インタビュー映像偽装。

地方公務員法で「兼業」が禁止されているのに、複数の大阪市職員が新幹線の工事現場で深夜に働いている実態を報じた映像の中で、モザイクがかかっていた内部告発者は、実際は番組スタッフだったというもの。音声は告発者のものだったのでやらせではない、と関西テレビは説明。

二〇一三年　フジテレビ『ほこ×たて』

・時系列など内容を都合よく編集。

放送自粛、後に打ち切り。『ほこ×たて　2時間スペシャル』のコーナー、「どんな物でも捕えるスナイパーVS.絶対に捕えられないラジコン」は、ラジコンカーやラジコンヘリ、ラジコンボートをスナイパーが銃で撃つ企画で、ラジコン操縦者三人と狙撃者三人が「対決」。しかし「対決」の順番や結末を入れ替えたりしたため、ラジコン側が番組放送後、ブログで事実と違うと告発し、問題が発覚した。

こうした例は、枚挙にいとまがない。その中でも、放送業界に激震が走ったのが、二〇〇七年一月、フジテレビ系列で放送された関西テレビ制作のバラエティ番組『発掘！あるある大事典Ⅱ』における、番組内容捏造《ねつぞう》である。

この番組は、はやりのダイエットものとして、〝納豆を食べるとやせられる〟というテーマを検証する内容だった。放送終了後は納豆の売上が急増するなどの大きな反響を呼んだが、納豆にダイエット効果があると証言していたはずの米国の大学教授のコメントや実験データなどが捏造であったことが判明し、結局、番組は打ち切りとなった。

また、関西テレビ社長は辞任に追い込まれた。事態を深刻に受け止めた民放連（日本民間放送連盟）は関西テレビを除名処分にしたが、政府は「捏造放送」への行政処分を強める放送法改正案を国会に提出した。

これに対してNHKと民放連は大きな危機感を抱き、その結果、BPO（放送倫理・番組向上機構）という組織の中に、調査権限を持つ「放送倫理検証委員会」を設けることで、放送法の改正を食い止めようとした。なんとか政治介入を防いだ格好だが、その後、視聴者や取材された人がBPOに訴えるケースが増え、放送業界はその対応に追われることになるのである。

またこの事件は、番組を外部プロダクションに発注するテレビ局のチェック体制の甘さなども浮き彫りにした。関西テレビは、外部有識者を集めて「活性化委員会」を作り、その提言を受けて社内改革に取り組み始めた。

■取材相手に騙《だま》されていることを見抜けなかったケース

〝やらせ〟というか、そもそも取材相手に騙され、それを見抜けず、放送に至ったケースは深刻だ。

日本テレビ『真相報道バンキシャ！』は、二〇〇八年十一月二十三日の放送で、岐阜県の土木事務所が架空工事を発注し、裏金作りをしているという、元土木建設会社役員（五十八歳）の話を匿名で紹介した。

しかし、その男が番組のディレクターに見せた、入金記録のある通帳などはすべて虚偽のものだった。わざわざ通帳まで用意するという周到な罠《わな》に、ディレクターはまんまと騙された。また、番組側スタッフもこれをまったく見抜けなかった。

県から訂正を求められた日本テレビは二〇〇九年三月一日の同番組で、「証言した男が証言を翻《ひるがえ》した」として県や県議会、視聴者に謝罪。県の告訴を受けた県警は三月九日、嘘の証言で県の業務を妨害したとして、元役員を偽計業務妨害容疑で逮捕した。日本テレビは、その後、検証番組を放送するなど、対応に追われた。

このように、〝やらせ〟の頻発がテレビ報道の信頼性を毀損してきたのは間違いない。その背景には、ニュース番組なのに視聴率を取らなければならない、というテレビ局の宿命がある。また、番組や企画の外注率の高さも〝やらせ〟の多発と無縁ではない。締め切りに追われ、企画を納品しなければならないプレッシャーから、〝やらせ〟に手を染めるディレクターが後を絶たないのはそのためだ。

テレビ局も、報道倫理の勉強会を開いたり、ガイドブックを作成し、スタッフに配布したりしているが、対症療法にすぎない。実際に社員が取材の段階にまで加わり、外部スタッフと共に制作する体制を築かない限り、〝やらせ〟の根絶は不可能だ。なぜ、テレビ局の番組制作で外注率が高いかは、後述する。

■ワイドショーの報道番組化

そうした中、情報番組も熾烈《しれつ》な競争をしている。もともとワイドショーと呼ばれ、芸能スキャンダルなどをおどろおどろしく扱っていた前番組を、フジテレビは一九九九年四月一日より大幅にリニューアルして『情報プレゼンター　とくダネ！』をスタート。芸能ネタ以外に堅いニュースも積極的に取り上げるようになった。視聴率は好調に推移し、その後、ワイドショーという名前も「情報番組」と変化した。

あまり知られていないが、情報番組は、フジテレビの場合、報道局ではなく、情報制作局という部署で制作されている。情報制作局はかつてのワイドショーを制作している部署だ。報道に携わる記者はすべて報道局に所属しており、ほとんどが正社員だ。

一方、情報制作局は、ほとんどの番組のコンテンツを外部の制作会社のディレクターの取材によって制作している。他のキー局も似たり寄ったりだ。

これはひとえに人件費を削減するためである。正社員の労務費で番組を作っていたら、番組制作費がとてつもなく高騰し、収益が極端に悪化する。したがって制作費を抑えるためにも、外注は必然なのである。

その外部ディレクターは新番組が編成される時に招集される。どの制作会社に発注するかは、社員である番組プロデューサーが決める。万が一、視聴率が振るわず、番組が打ち切りになれば、外部ディレクターは番組ごと入れ替わることがしばしばで、職業として安定しない。

さて、午前中の激しい情報番組の視聴率争いは、午後にも飛び火。読売テレビ系列の『情報ライブ ミヤネ屋』は、大量のディレクターを抱え、独自に取材を進め、中身を充実させている。午後の情報番組も激戦区であり、各局、その時間帯の視聴者層である主婦をターゲットに知恵を絞っている。

情報番組は、報道番組より時間が長めなため、ニュースをスタジオで丁寧に、かつ徹底的に解説することが多い。視聴者にとっては、報道番組よりニュースの背景や意味がよく分かったりするので、エンタメ情報が多い夕方の報道番組との違いが不明瞭になっている。それ以上に、もはや報道番組を見なければならない、という動機づけがなくなってしまったように感じる。情報番組が報道番組化することにより、本家の報道番組への視聴者の興味が減じる、という皮肉な結果を招いてしまった。

私は、本格的な報道番組は民放地上波ではもう生まれないと予測している。硬派な報道番組といえば、TBS系列の『報道特集』くらいではないか。夕方のニュースも夜のニュースも情報番組化が止まらず、垣根は完全に消失するだろう。それがテレビ局への信頼に悪い影響をおよぼすことを懸念する。

日本版ニュース番組――キャスターの弊害

■ジャーナリストではない人間がニュースを論評

もう一つ指摘しておこう。かつて十八年半も続いた、テレビ朝日系列の久米宏氏の『ニュースステーション』(注2)という番組があった。現在の古舘伊知郎氏がキャスターを務める『報道ステーション』の前番組だが、この番組は決定的に日本のニュース番組を方向づけた。つまり、ジャーナリストではない人間が番組のキャスターとなり、ニュースを論評するという日本独自のニュース番組の形を作ったのだ。

そもそも日本のニュース番組の原型は、アメリカのネットワークテレビのニュース番組を手本にしている。しかし、アメリカのニュース番組のキャスター（英語ではニュース・アンカーという。ちなみにキャスターとは英語で椅子などの下に付いている小さな車輪のことである）は、記者出身のジャーナリストがなるのが通例だ。彼らは、ニュースを解説したり論評したりはせず、あくまで番組の進行に徹する。解説などは現場の記者や専門家に振り、適切な意見を引き出すのが仕事だ。いわば、番組の要《かなめ》であるから、〝anchor（アンカー：錨《いかり》）〟と呼ばれるようになったのだ。

一方で、日本のニュース番組の場合、ジャーナリストがキャスターになるケースはまれだ。TBS系列が『筑紫哲也　NEWS23』という番組をかつて制作したが、朝日新聞記者出身で、元『朝日ジャーナル』（現在は廃刊）編集長という肩書を持った筑紫氏がキャスターになったのがその一つの例である。筑紫氏はテレビ出身のジャーナリストではなかったが、自ら編集権を持っており、編集長として番組の最後に、「多事争論」という、編集後記的なコーナーを持っていた。

話を戻すが、久米氏はもともとラジオ出身のアナウンサー。さすがにジャーナリストではないことを自覚してか、自らを「司会者」と名乗っていたが、自分が取材したわけでもないニュースにため息をついたり、机から肘《ひじ》を外してずっこけてみせるなど、非言語コミュニケーションを駆使して、視聴者にニュースに関する〝ある印象〟を意図的に与えた。本来、ニュース番組はさまざまな意見・見方を提示し、判断は視聴者に委《ゆだ》ねるべきものだ。それが放送法の趣旨でもある。ジャーナリストではない一司会者が、自らの感想を表現することは、視聴者をミスリードする可能性がある。

その後、日本の番組はこうした形式が主流となった。『ニュースステーション』は、絶頂期に視聴率平均十数パーセントを誇っていた。時には二〇％を超すこともあった。およそ一五〇〇万～二〇〇〇万人もの国民が、夜の時間帯にニュースを見ることになったわけで、ニュース番組に新たなフロンティアを切り拓《ひら》いたという意味で画期的ではあった。一方で、真のジャーナリズムからは離れ、エンタテインメントの要素をニュース番組に取り入れた、という意味において、その後のニュース番組の方向性を決めてしまった。その点に

（注2）ニュースステーション
・放送期間
一九八五年十月七日～二〇〇四年三月二十六日（十八年半）
※一九九九年十月～二〇〇〇年一月初めまで、久米キャスターは降板
・視聴率
平均…一四・四％
初週…八・六八％
一九八六年以降…平均二〇％前後
最終回…一九・七％（関東）
関東地区での二〇％超えは二四五回
最高視聴率…三四・八％（関東）

おいて、私はこの番組は罪が重いと思っている。

特に、本物のニュースを求めている人たちにとって、深い取材をしていない人間の浅いコメントはまったく共感を呼ばないだろうし、むしろ反感を買うことすらあるだろう。今はインターネットのおかげで、人々はさまざまな情報を簡単に手に入れられるようになった。それはとりもなおさず、既存メディアの情報を自分で調べた情報と比較検討することが容易になったということだ。それだけメディア側の分析力・解説力も試されている時代に、とっくに突入しているのだ。

記者リポートより完パケ。VTR至上主義の弊害

■報道にも企画モノが隆盛

一九九八年四月からフジテレビおよびFNN系列各局で放送されている平日夕方のニュース番組『FNNスーパーニュース』は、二〇〇二年から関東地区平均視聴率トップに立ち、二〇一一年一月まで、同時間帯の民放ニュース番組の中で首位の座を守り続けた。その成功の原動力となったのが、〝VTR至上主義〟だった。〝VTR至上主義〟とは、筆者

が名付けたのだが、記者が顔を出してリポートする、いわゆる〝記者リポ〟よりも、映像をメインに編集し、記者の顔出しを排したVTRをメインにニュース番組を編成することを指す。当時はまだ映像をメインにした企画はそう多くはなく、記者リポートも面白ければどんどん番組に採用された。転職してきたばかりの私は、主に経済関連の短い企画をどんどん提案した。それが面白いように番組サイドに採用され、昼、夕、夜と一日三本もリポートを撮ったりした。とにかく番組を面白くしよう、という気概にあふれていた。

円高のニュースで、視聴者がピンとくるように、銀座の田中貴金属に金の延べ棒を撮影しに行き、その足で晴海のマツダのディーラーからフォード・マスタングのオープンカーを借りた。色はイエロー。それを駆って、西新宿のマクドナルドのドライブスルーに乗り付けると、ビッグマックを注文するところを撮影した。つまり、円が強くなると、こういうものが安くなるんですよ、という具体例を視聴者に分かってもらう工夫をしたのだ。テレビは目に訴えるメディアだ。真っ黄色の外車で、ファストフードを頬張る、という分かりやすい絵面《えづら》は強烈に印象に残るはずだ。こうした企画モノと呼ばれる記者リポートは当時斬新だったのだろう。

番組側も面白がって、こちらが提案すればすぐ通るので、毎日のように記者リポートを撮りに出かけたものだ。

経済指標の一つに、日銀短観（全国企業短期経済観測調査）というものがある。そこで使われるＤＩ（Diffusion Index：景気動向指数）という、経営者の業況感を示す指標を、耳にしたことのある読者も多いだろう。ＧＤＰ（国内総生産）などもそうだし、失業率、消費者物価指数、公示地価などなど……こうした経済指標は今では頻繁に報道されるが、二十年ほど前、私がテレビ業界に転職した当時は、たまにスタジオ読みの原稿に使われる程度だった。

そもそも経済官庁や民間企業を主に取材する、経済部という独立した部署も報道局の中になかった。政局を取材する政治部の中にある〝経済班〟と称するセクションに三人の記者がいるのみだった。無論、政局が動いたり、選挙の時期にでもなったりすれば、当然のことながら政治部の取材に組み込まれるのだった。

とにもかくにも、そうした視聴者にとってなじみの薄い経済ニュースを少しでも分かりやすく、という意図で制作された〝企画モノ〟は、フジテレビが先鞭《せんべん》をつけたのではないか、と思っている。どう見せれば視聴者が見てくれるか、記者も番組制作者も共に考える気風がそこにはあった。

■記者の取材への熱意を失わせたのは誰か

しかし、その後、夕方のニュース帯における激しい視聴率競争により、そうした制作側と取材側が一緒になって作り込む企画モノは姿を消していった。理由はさまざまあろうが、そうした細かい企画より、その日の重大なニュースを大きく膨らまし（尺を伸ばし）たほうが、視聴率を稼ぎやすいとの番組制作サイドの意図があったのではないか。

そうした長尺のコーナーは、番組スタッフ、つまり番組と契約している制作会社のディレクターが構成を考えることになる。彼らは構成に従い、カメラを発注し、フィールド・リポーターと称したアナウンサーを連れ、リポートを撮りに現場に行く。アナウンサーは喋《しゃべ》りのプロであるから、臨場感あふれるリポートを得意とする。現場で顔を出しての中継は無論のこと、間に挟まれるさまざまなＶＴＲに〝実況〟と称する声だけのリポートを付けるのもアナウンサーの十八番《おはこ》だ。したがって、番組ディレクターは使い勝手のいいアナウンサーを多用する。いつの間にか、本来顔を出してリポートするはずの取材記者の出番は、ほとんどなくなってしまった。あくまでニュースは番組サイドの都合が優先されて制作されるようになったのだ。

フジテレビでは報道局内は取材センターと番組センターに分かれており、かつては両者の緊張関係のなかから、放送すべきニュースが選ばれていた。しかし、いつの間にか、番組側が視聴率を金科玉条《きんかぎょくじょう》とし、ニュースを選択するようになった。そして番組は、記者が顔を出して喋る「記者リポート」よりも、ＶＴＲの完全なパッケージ（完パケ）が主流となった。完パケのほうが視聴率を取るからである。いわば、「ＶＴＲ至上主義」である。

結果、何が起こったか。記者たちは、自分たちが取材しても番組に取り上げられないことが多いため、次第に取材への熱意を失っていった。ある時、私は部下の中堅記者と、あるニュースについて話していた。

私「このネタは面白いから取材しよう」

彼「いや、どうせ番組はやらないですよ」

私「やってみないと分からないだろう？　デスクにどうしても取材したい、と言って番組に売り込んでみたらどうだ？　少なくとも自分だったらそうする」

彼「いや、言ったって無駄ですよ」

と取り付く島がない。

この男は優秀な記者で、取材力もある。しかし、「どうせ、取材したって放送されないでしょう？」という言葉が現場記者の気持ちのすべてを物語っている気がした。

二十年前は取材部（社会部、政治部、経済部、外信部からなる）といえば、一癖も二癖もあるデスクや部長がいて、自分たちが体を張って取材してきたものは絶対放送しろ！と番組の編集長に詰め寄るくらいの気概があったものだ。双方にらみ合って取っ組み合いになりそうになることもしばしばだった。

それが、今やどうだろう。取材部は借りてきた猫のようにおとなしくなり、番組主導の番組制作に不満すら抱いていないかのようだ。視聴率を取るために番組側のいうことに従わざるを得ない、という考えが蔓延《まんえん》し、刷り込まれ、やがて、それが当たり前になって、取材部は番組側に屈することになってしまった。一番怖いのは、前述の記者のように、取材する気を失ってしまうことだ。自分の仕事の〝出口〟がなければ、仕事をしようというインセンティブが働かないのは自明の理なのだが……。

■取材力の低下によりニュースの信頼性も低下

しかし、問題はこれにとどまらなかった。現場記者の取材力、企画立案力が落ちるだけでなく、記者の基本動作である、〝リポートする能力〟が身につかなくなるという弊害だ。テレビ記者はリポートしてなんぼである。そこが新聞記者と根本的に異なるところである。画面に出て、自分の言葉でニュースを伝える。それがテレビ記者の本質である。

しかし、現場には、〝見栄え〟と〝喋り〟がうまいアナウンサーが配置され、彼らが顔出し（リポート）をしてしまう。現場で記者がリポートする機会がめっきり減ってしまった。事前収録の顔出しリポートもさることながら、事件が発生した時などの中継のリポートの機会もほとんどなくなった。

人にもよるが、記者の中には、撮り直しがきく事前収録リポートは好きだが、中継だと緊張するから嫌いだ、という人が多い。これに慣れるには、場数をこなすしかないのだが、今の現場の記者は中継をする機会が極端に少ないので、スキルが身につかない。自分で現場に行き、見て、聞いて、五感をフルに使って取材したものを自ら喋って伝える。その基本を鍛える場が減ってしまったら、その結果は火を見るより明らかだ。画面で、しどろもどろになっているのが記者で、とうとうと喋っているのはアナウンサーだ。自分の書いた記事は自分でリポートしたい、と思うのが本物のテレビ記者だと私は思うのだが。

記者によるスタジオの解説などもそうである。NHKなどは（人が多いせいか）やたら記者のスタジオ解説が多いが、民放ではめったに記者が局に上がってスタジオ解説することはない。そんなことをしたら、現場で取材する記者が足りなくなるからだ。確かに、風采の上がらない記者がスタジオで解説したところで視聴率は稼げない、と番組側が判断するのも分かる。

しかし、自分が取材した内容を視聴者に短い時間で分かりやすく説明する場がないということは、取材した内容を咀嚼《そしゃく》し簡潔に話す、というスキルが身につかないということだ。そういう経験が記者を鍛えていくのだが、そういう場もほとんどないのが現状だ。

報道番組に視聴率を持ち込んだがために、結果、取材力やリポートする力、解説する力の低下など、記者としての足腰を弱める結果になってしまったといえる。

こうした諸々《もろもろ》の理由により、ニュース自体の信頼性が徐々に減退していった。

キー局とローカル局の関係

■ローカル局の魅力的なコンテンツがなぜ眠ってしまっているのか

テレビ局は、東京キー局ごとにネットワークを形成(注3)している。例えば、フジニュースネットワーク（ＦＮＮ）には系列二八局が属している。

系列局といっても一〇〇％子会社になっているわけではなく、一部準キー局を除き、基本的には独立経営である。したがって、キー局といえど、ローカル局から素材の提供を受ける時は、お願いをして電送してもらうことになる。取材が必要な場合も、無論正式に依頼し、取材をしてもらった上で、素材だけ送ってもらう時と、素材にボイスオーバー（ナレーション）を録音し、スーパーを焼きこんだものを電送してもらうケースがある。また、大きな事件で、現在進行中なら、ローカル局の記者が現場から中継することもある。

そのように、報道の現場ではキー局とローカル局の関係は日常的であり、密に思えるが、問題もある。それは、地方のニュースをどうキー局が吸い上げるか、という問題だ。

基本的に、キー局がローカル局に取材を発注する形が一般的になっているため、ローカル局は自然に受け身になってしまう。どんなに面白い取材をしていても、それはローカルだけで放送すれば十分だろう、と思い込みがちだ。

しかし、地方のニュースであっても、全国に流す必要性があるなら、それは積極的にキー局に売り込むべきであろう。実際は、キー局は興味がないだろう、と自主規制をしてしまい、東京まで素材が届かないことがある。

東日本大震災の翌年、あるローカル局の記者が作成した企画モノは、高齢者が多く住む集落で、実際に津波が来た時、どのルートで高台に避難したらいいかの訓練をしている様子を取材したものだった。複数のルートを、息を切らしながら孫に手を引かれて高台に登る高齢者たち。ルートごとにかかった時間を計測し、どのルートが最適かを見極めて、町役場で整備が必要な場所は改修をする計画だ、というような内容だった。地元に密着し

（注3）
NNN系列（キー局は日本テレビ）二九局
JNN系列（キー局はTBS）二八局
ANN系列（キー局はテレビ朝日）二六局

た、よく取材されている企画であり、こうした防災関連の企画は他のどの地域でも興味のある話題であろうと思った。

そこで、この企画をキー局に売り込んだかどうか、制作したそのローカル局の記者に聞いたところ、キー局に売り込むことは考えたことがなかった、ということだった。こうした一見地味に見えるが、全国ネットで流す価値がある企画を、積極的にキー局に売り込むべきなのだが、実際は、そうしたいいネタを吸い上げるような仕組みになっていないし、関係を築けてもいない。

こうしたキー局とローカル局の関係は間接的に、各局の報道の内容を没個性化させている。

その結果、視聴者のテレビ離れを招くことにつながっていると思う。キー局は積極的にローカル局と意見交換し（実際、全系列局が毎月集まって会議はしているが）、どのようなテーマの企画などを制作してもらえるか議論することが必要だろうし、ローカル局側にも、自分たちでキー局に提案できる企画力を身につけることが求められる。こうすることによって、他の系列に比してより魅力的なコンテンツが提供できるようになるはずだ。

図1　1日当たりのテレビジョン放送視聴時間の推移

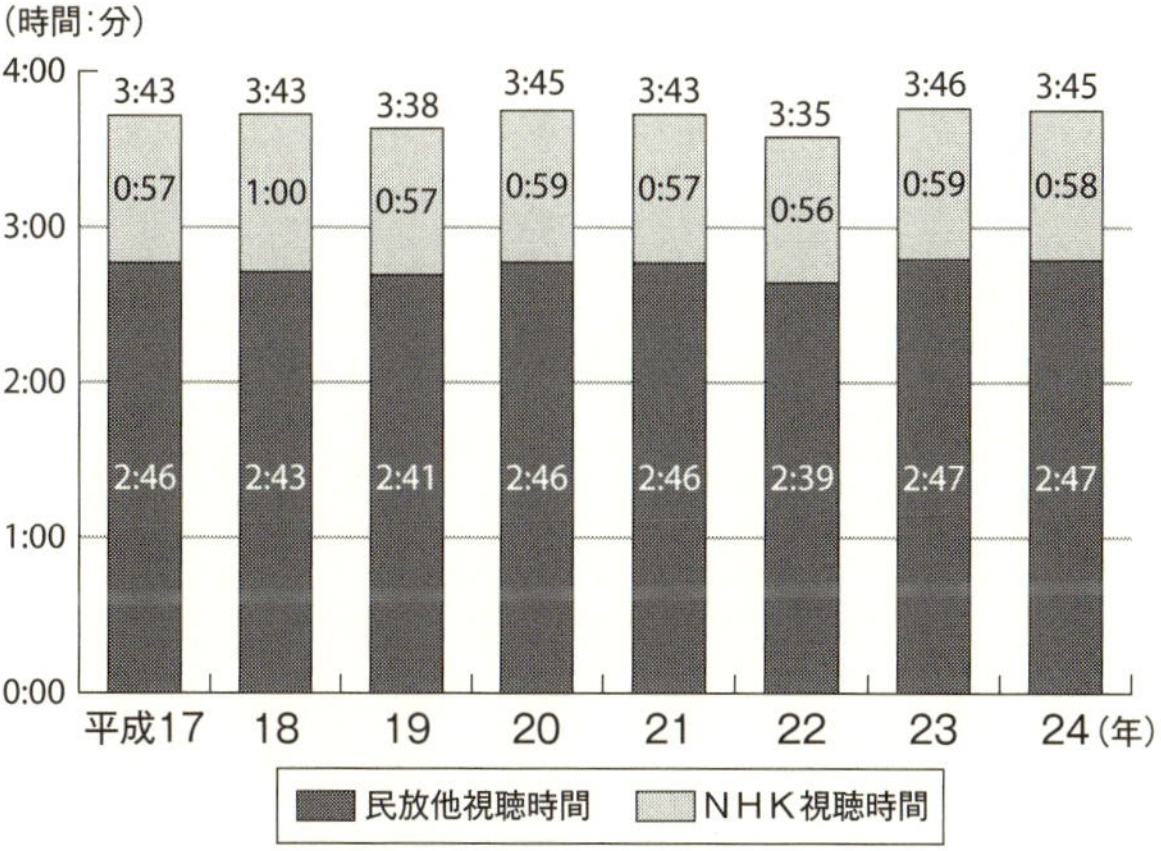

総務省　平成25年度　情報通信白書より
NHK放送文化研究所「平成24年6月　全国個人視聴率調査」により作成

視聴スタイルの変化と総視聴時間の減少

ここにテレビの視聴時間の推移のグラフ（図1）がある。

この図によると、平成二十四年の一世帯あたりの一日のテレビ視聴時間は平均三時間四十五分で、前年度から横ばい。このうち、NHK視聴が計五十八分（地上放送五十一分、衛星放送七分）、民放他視聴が計二時間四十七分（地上放送二時間三十四分、衛星放送十三分）である。

時間帯別の平均視聴率（五三ページ、図2）を見ると、最もテレビが視聴されているのは、二十時から二十一時までの時間帯であり、NHK・民放他を合計して四〇・六%に達している。

一方で、HUT（Households Using Television：総世帯視聴率）、つまり調査対象の世帯のうち、どのくらいの割合でリアルタイムにテレビを視聴しているかを示す値を見てみると、図3（五三ページ）のグラフの通りとなる。

つまり、一世帯あたりの視聴時間は大きく減ってはいないが、テレビを見ている世帯の割合がここ十年で数パーセント低くなっているのだ。これにはいくつかの理由が考えられる。

① 核家族化し、家族の誰かがお茶の間でテレビを見る世帯が減った。

② SNSの誕生で、テレビ以外に時間を割くことが多くなった。

確かにかつておじいちゃん、おばあちゃん、お父さん、お母さん、子供たちと大家族で、お茶の間ではいつもテレビがついていた時代があった。しかし、核家族化が進み、共働きも増え、結果として夜も家に誰もいない、という世帯は間違いなく増えている。した

図２　30分ごとの平均視聴率（全国・週平均）

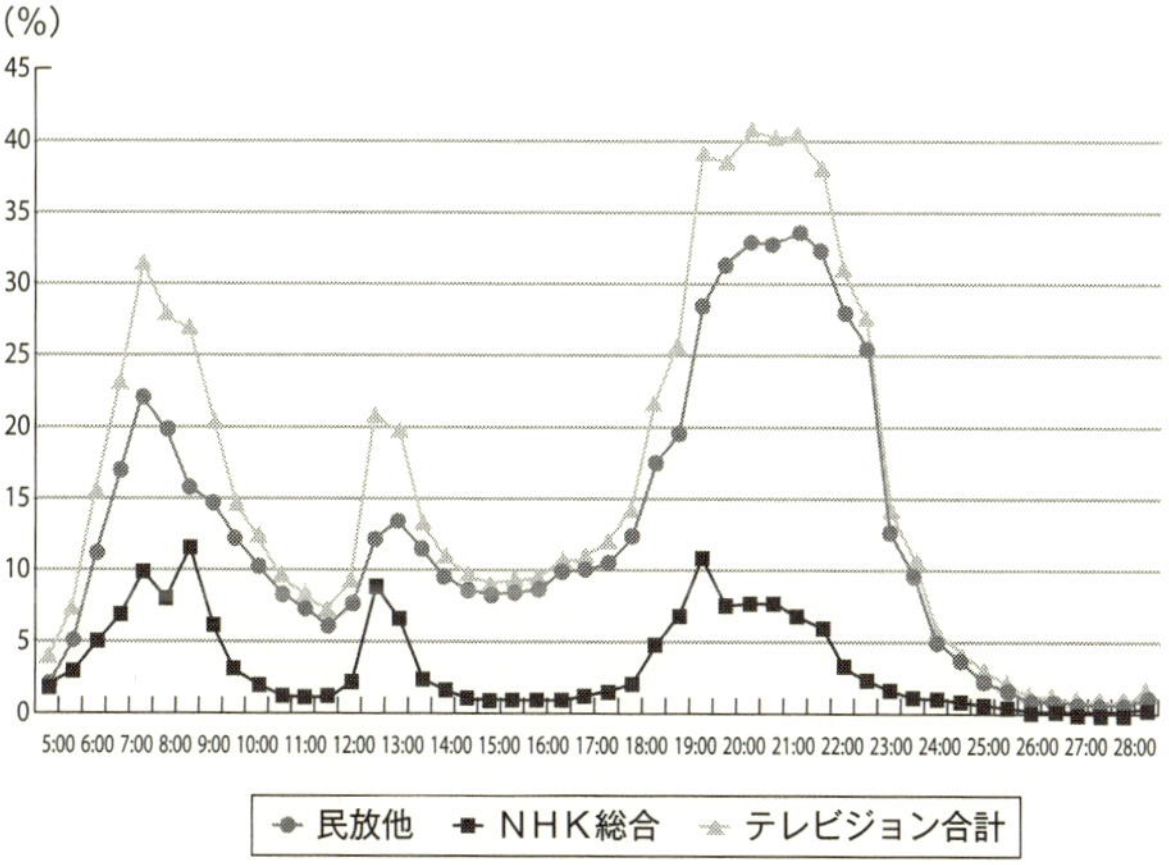

総務省　平成25年度　情報通信白書より
ＮＨＫ放送文化研究所「平成24年６月　全国個人視聴率調査」により作成

図３　ＨＵＴ年間推移

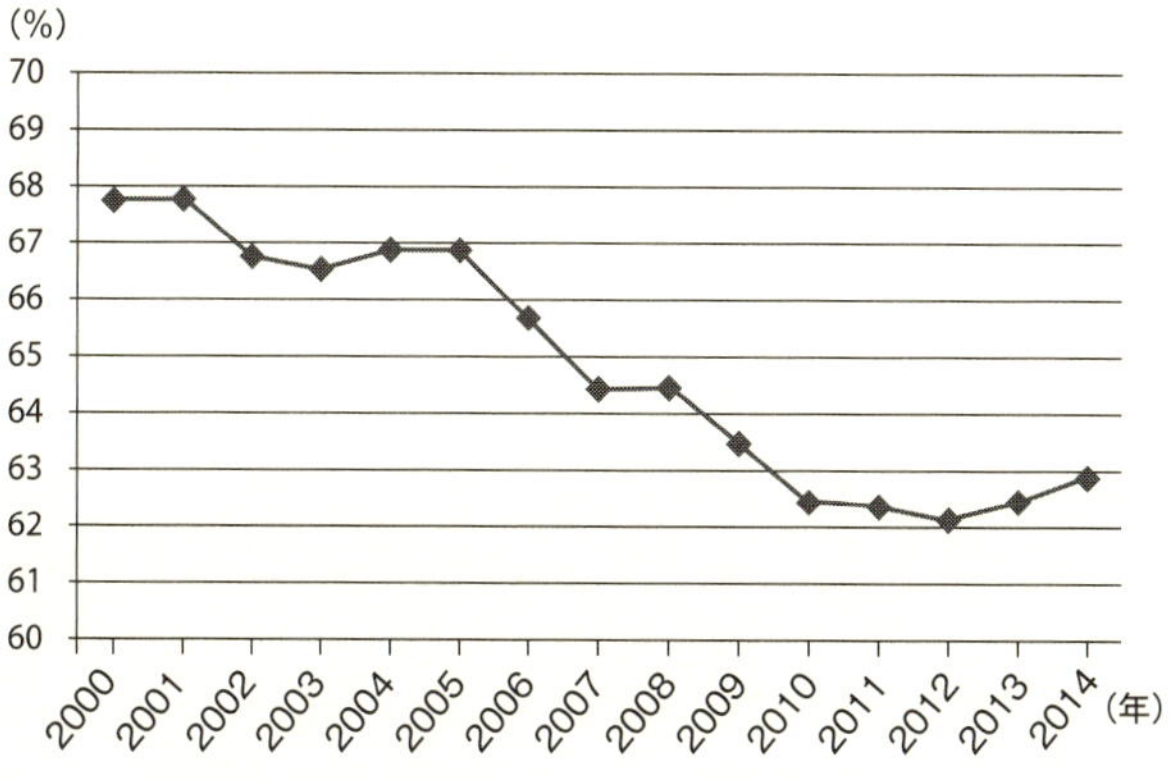

ビデオリサーチのデータより作成

がって、総世帯視聴率が下がるのは当たり前であり、総視聴時間が横ばいである限り、大騒ぎする必要はないのかもしれない。

一方、SNSにかける時間は明らかに延びている。仮にテレビを視聴していても、ツイートしたりフェイスブックに投稿したりしながら見る、〝新・ながら視聴〟が増えている。それが証拠に、ツイッターのタイムラインにはテレビ番組に関するツイートが多く投稿されている。

これについては、テレビ局側には評価する見方もある。SNSを経由して、友人同士、番組の内容をネット空間で共有し、楽しむことによって、実際の視聴に回帰する人が増えるのではないか、との期待からだ。確かに、二〇一三年に大ヒットした、TBS系列のドラマ『半沢直樹』などもネット上で大いに拡散され、悪役、大和田常務を演じた人気俳優の香川照之氏の面白画像まとめサイトなども作られた。ネット上の盛り上がりがリアルタイム視聴に跳ね返った例であろう。

そういう意味において、テレビとネットの相性は決して悪くないといえる。無理に融合などせず、テレビはテレビ、ネットはネットと割り切ってそれぞれの役割分担を明確にし、融合というよりは、緩《ゆる》やかに連携させるのがおそらく正解なのではないだろうか。実際、そういう番組制作も増えてきているようだ。フジテレビの深夜番組『ＴＯＫＹＯプレゼンナイト』（http://www.fujitv.co.jp/b_hp/tpn/）などはその一例だろう。地上波の放送と同時に、ネット配信も行う。視聴者とインタラクティブにつながる試みだが、こうした番組は深夜帯などに限られる。地上波はやはりＭ３、Ｆ３層（五十歳以上の男性、女性。ＭはMale〈男性〉の、ＦはFemale〈女性〉の頭文字で、〝3〟という数字は、五十歳以上の層を指す）を意識せざるを得ず、彼らのネット・リテラシーのレベルを考慮すると、ゴールデン・タイムなどにこうした番組を編成することには無理があるだろう。

第二章　テレビニュースの作られ方と問題点

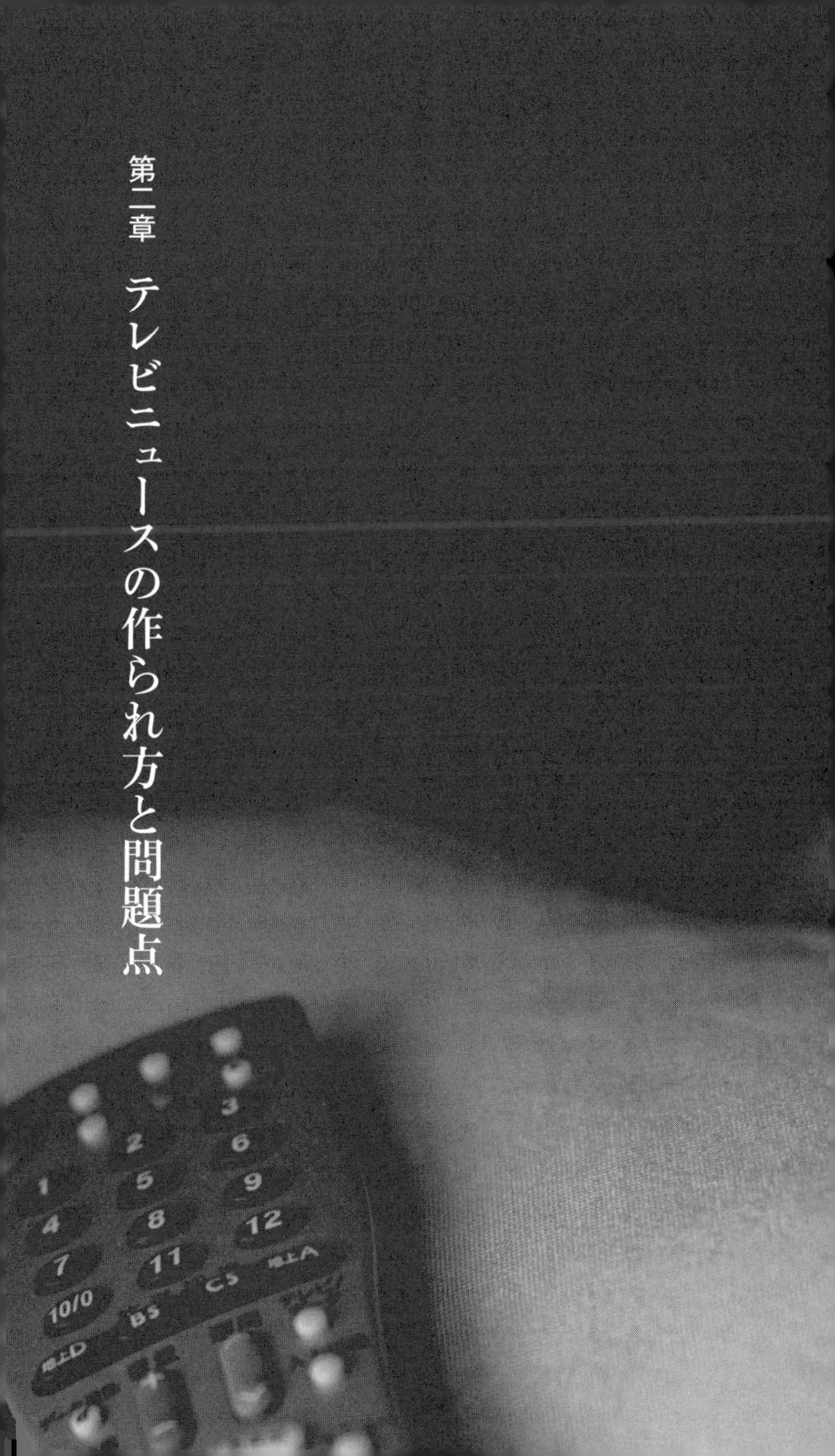

テレビニュース（以下、ニュース）の最大の特徴は何だろう？　それは間違いなく、速報性であり、伝播《でんぱ》性であろう。一時に、数百万、いや、数千万人に映像と音声で今起きていることを知らしめることができる。これは新聞や雑誌などの活字媒体でも、ラジオでも真似《まね》できないことである。

では、ニュースはどのようにして作られるのか？　実はそのことについて詳しく書かれた本はない。この章では、ニュースはどう制作されているのか、また記者はどのようにして取材し、記事を書いているのかを紹介する。ニュースの制作は、表には見えないが、とてつもなく時間と労力のかかるものだ。たった数十秒の映像を撮るために、何日もかけることもある。

過酷な報道の現場と、ニュースの制作過程を知ることで、ニュースが内包する問題点などが浮き彫りになると思う。

ニュース項目の決め方

■報道局という特殊な組織

テレビ局という会社は実に不思議な会社だ。普通に営業行為を行っている私企業なのに、組織上利益を生み出さない、いやむしろ、経費（取材費）を湯水のように使いまくる、金食い虫のような「報道局」という名の機関が、一組織として存在しているのだ。こうした特殊性ゆえ、報道局は他の部門からきわめて特殊な組織だと思われている。

他部署の人はめったなことでは報道局の中に入ってこないが、どうしても用がある場合でも、足を踏み入れるのを躊躇《ちゆうちよ》するくらいだ。それほど、ピーンと張り詰めた空気が漂っている。番組のオンエア直前に来ようものなら、相手にしてもらえないことすらある。怒号が飛び交い、ＡＤ（Assistant Director：アシスタント・ディレクター）や若いディレクターらが所狭しとフロアを駆けずり回っている。

なぜ、いつもそんな状態なのか？　それはニュース、イコール生放送だからだ。各テレビ局の報道部門は、できるだけ新しく、できるだけ独自の情報を放送するために、日々競い合っている。

ある局が、独自ネタ（特ダネ・スクープ）を入手したら、当然その局は番組のトップに流す。特ダネを「抜かれた」（＝特落ちした）局は、すぐさまそのネタの〝後追い取材〟に走る羽目になる。そうした競争は二十四時間三百六十五日続いているのだ。

新聞の場合は、午後一の夕刊向け、未明の朝刊向け、一日二回の締め切りに原稿を間に合わせればいい。しかし、テレビはそうはいかない。二十四時間いつでも、ニュースを流そうと思えば流せるのだ。仮にドラマやバラエティを放送していても、報道特番を放送するほどの大事件が起これば、テレビはそれを放送しなければならない。そこが新聞と違うところで、いってみれば毎秒が締め切りみたいなものだ。だから一瞬たりとも気が抜けない。ニュース番組の放送中であっても、新しいニュースが世界中で絶えず起きている。重大なニュースなら、放送中や放送予定のニュースをすっ飛ばしてでも、ねじ込んで放送しなければならないのだ。

■なぜ、各局同じニュースが流れるのか

さて、報道局の組織はどうなっているのだろうか。どのニュースを放送するのかを決定する「編集権」は、報道局のトップである局長が持っている。しかし、ニュース番組は一日に何回もあるので、昼、夕方、夜、それぞれの時間帯の番組に編集長なる人物がいて、

彼らが担当する番組の編集権を局長から委譲されている。実際に、どのニュースを取り上げるか（項目）、放送する順番と長さやその形式（原稿をスタジオで読むか、記者の録画リポートか、生中継か、事前編集VTRかなど）を決めるのは、PD（Program Director：プログラム・ディレクター）と呼ばれる人だ。

ニュースの順番、長さ、形式が決まったら、PDは各担当取材部のデスクにそれを伝える。デスクとは、上席の記者がなる職で、現場の記者を統括し、何を取材するか指示を出し、上がってきた原稿を校正して「完成品」として番組に渡す役目を担《にな》う。

番組には編集長とPDとそのサポートをするスタッフ、放送作家、プロンプター（キャスターが読む原稿の文字を大きく書き直す人）らがいる。大体どのテレビ局も取材部から上がってきた原稿を基に、各番組の放送時間に合わせ、朝、昼、晩、一日三回程度の編集会議が開かれる。編集会議とは、その会議までにどのようなニュースが発生しているのか、その日一日どのようなニュースが予定されているのかを確認し、ニュース番組に盛り込む項目を決定する重要な会議である。

その会議を開催するのは、その時間帯の編集長で、進行はその会議後の放送が予定されているニュース番組のPDが行う。報道局には取材する部署と番組を制作する部署があるが、各取材部がそれぞれの担当している分野で、どんなニュースが発生していて、これからどんなニュースが予定されているのかを報告する。

取材部とは、前述したが、社会部、政治部、経済部、外信部（局によっては外報部）などである。それらの膨大なニュースの中から、ニュース性に基づき、放送する順番を決めていく。よくニュースの順番がどの局も同じなのはなぜなんですか？と聞かれることがあるが、まったく同じということはない。

しかし、どのニュースを大きく扱うかという判断基準は、各局のＰＤ間でそう大きく違うものではない。したがって、視聴者から見て、同じようなニュースを流しているな、という印象を与えてしまうのだ。

ニュースの形態

さて、ニュースの放送の順番が決まると、次は長さだ。番組の放送時間は決まっている。民放なら総放送時間からＣＭの時間を差し引いた時間が、純放送時間となる。その時間内に、放送するニュース全部を入れねばならない。どのニュースを何分何十秒流すかも

ＰＤが決めることになる。さらに、そのニュースをどう放送するかも決めねばならない。

具体的には、

①　アナウンサーの原稿読み
②　事前編集した記者リポート
③　事前編集のＶＴＲ
④　現場からの生中継
⑤　②、③、④の組み合わせ

がある。
①は、一番単純な、原稿をスタジオでアナウンサーが読む形式。三十秒から一分程度の短いストレート・ニュースはこうした形式が多い。取材対象の音声（英語でいう、Sound Bite：サウンド・バイト）が挟まれれば、その分長くなる。
②は、スタジオでリード（ニュースのイントロ部分）が読まれた後、事前に編集された記者リポート（ＶＴＲ）を放送する形式。ストレート・ニュースの後などに、その背景や

今後の見通しなどを記者が解説する場合の形式である。
③は、スタジオ・リードの後、事前にＢＧＭ（音楽や効果音）や文字スーパーなどを完全に編集したＶＴＲを放送する形式。五分から十分程度の長尺の企画モノなどがこれにあたる。完パケ（完全なパッケージ、の意）などと呼ばれる。
④は、今まさに事態が動いている場合に採用される。現場に中継車を配備し、リアルタイムな情報を視聴者に伝えるために行う。事前に予定されているものなら十分に準備できるが、放送時間直前やニュース番組の放送中に中継しなければならないニュースが発生した場合は、いかに早く現場に記者、技術スタッフ、中継車を派遣できるかが勝負となる。キー局のカバーする地域外で発生したものなら、その地域のローカル局に依頼する。まさにテレビ報道の真骨頂である。

かつてフジテレビは、一九八五年の日航ジャンボ機墜落事故の時、現場に到着したカメラマンが小型電送機を持参していて、上空にホバリングしているヘリコプターに地上から素材を電送し、ヘリが中継局となって、その素材を東京タワーに向けて電送した。当時としては画期的なこの技術により、人々は川上慶子さん（当時十二歳）の世紀の救出劇を生中継で見ることができたのだ。まさに、テレビニュースというのはこういう時のためにある、という例であった。

その後も二〇〇五年、尼崎のJR福知山線脱線事故の時、即座に現場に着いた局のテレビ・クルーが現地の惨状をいち早く伝えた。大怪我をして道端に座り込み手当てを受ける大勢の乗客たちの映像に、日本中が息をのんだのを今でも覚えている。いつでもテレビの記者は、誰よりも早く現場に着くことを求められている。それは、今、起きていることを映像として、視聴者にいち早く届けることを使命としているからだ。

⑤は、中継の最中に、事前に編集したVTRを挟み込み、放送する形だ。ただ中継で現場の情報を流すだけではなく、ニュースの背景説明やその日の関連ニュースなどをVTRにまとめ、途中で放送する。こうした形式は、事前にある程度準備ができるニュース項目に限られる。④のような緊急に発生したケースでは、VTRを事前に編集する時間がないので、ニュース番組の進行と同時にさまざまなVTRが作られることになる。

とてつもない大事件や大災害が発生した場合がまさにそうだ。そうした場合は、放送時間が無制限に延長されることになる。必然的に、次々とテレビ局に電送されてくる膨大な映像を番組の放送と並行して編集し、番組内で流すことになる。二〇一一年の東日本大震災のような巨大災害時には、当然こうした放送形態が取られることになる。被災地は複数の県にまたがっているから、各県のローカル局から素材が電送されてくる。同時に、東京キー局が取材している都内には関係各省庁や東京電力など当事者の官庁、企業が集中しているから、それらの取材テープも膨大な数になる。

そうした中、報道特番を放送し続けるのが、テレビ局の重大な使命だ。そこで重要なのは、番組の構成をスピーディーに作るPDの能力であるが、それ以上に重要なのは、膨大な素材を時系列的に、かつ、重要度の高いもの順に整理するスタッフだ。いくら構成を立てても、素材が揃《そろ》わなければ意味がない。構成を立てる者、素材を整理し編集する者、双方が連携を密にし、一丸とならないと、どの映像を流すのか混乱するだけでなく、流すべき重要な映像が見過ごされて流れないなどのトラブルになりかねない。

テレビ記者の仕事――マンパワーとコストの限界

テレビ記者は新聞記者とは根本的に違う。何が違うのか？　テレビニュースは映像と音声で構成されている。そこが活字の原稿だけの新聞と根本的に異なるところだ。したがって、テレビ記者は、絶えず映像を頭に描きながら取材している。具体的に説明しよう。

先に、ニュースのさまざまな形態について説明した。テレビ記者は、まず自分が取材しているニュースが先に述べたニュースの形態のどれに当てはまるか、考える。無論、最終的にはデスクが編集会議を経て形態を決定し、記者に下ろしてくるのだが、それを待っていては間に合わない。単なる官公庁の発表ものなら、スタジオ読みの原稿、五十秒から一分程度だろう。大体の尺が決まれば、後はその構成を決めればよい。仮に尺一分だとすると、構成はこうなる。

①　スタジオ・リード　十五秒
②　本記（コアな部分の原稿）　四十五秒

②の本記部分に、音声（会見やインタビューなど）が入るなら、

②　本記　三十秒

となる。この場合、原稿は、①のリード十五秒と、②の本記三十秒を書けばよいことになる。その代わり、誰のインタビューのどの部分を使うか、決められた秒数の範囲内で決めなければならない。

この音声部分を、スタジオ・リードの直後に持ってくるか、本記の真ん中に挟むのか、最後にするのかを決めるのも記者の仕事だ。

さらに、テレビ記者は、本記の部分に使うインサート用映像も決めねばならない。テレビのニュースをよく見てもらいたい。スタジオ・リードの後、アナウンサーは原稿を読み続けるが、その間、ニュースに関連した映像が流れているはずだ。これをインサート映像という。何気なく見ているかもしれないが、一カット二秒程度の映像が間断なく編集され、放送される。このインサート映像は、原稿の中身に沿って編集されているのだ。原稿を書くのは記者であり、現場でカメラマンがどんな映像を撮っているかを知っているのも記者である。

したがって、記者は自分の書いた原稿にどのような映像を使えばいいか、当然熟知して

いる。具体的には、本記原稿が三十秒、インタビュー十五秒のケースだと、

原稿××××××××××××　映像A　十秒
原稿××××××××××××　映像B　十秒
インタビュー　　　　　　　　十五秒
原稿××××××××××××　映像C　十秒

と決めるのだ。

大まかな指示を本社の送り出し担当者にしておけば、映像A、B、Cの中身は編集マン（編集専門のスタッフ）がやってくれる。ただしこれはキー局の場合である。人員に制約があるローカル局の場合、記者が局に上がり、編集まですべて一人でこなすことが普通だ。

さて、これで終わりではない。ニュースには、スーパーがつきものだ。本記部分にどのようなスーパーを出すかは重要だ。内容に従ってスーパーを決め、時には文字の形態、大きさ、色まで細かく指定することもある。

ここまで読んだら、テレビ記者が新聞記者と違って、取材して原稿を書く以外にいかに

さまざまな仕事をこなしているか、お分かりいただけただろう。

これが、記者リポートとなるともう少し仕事は増える。それは、〝顔出し〟(注4)である。記者が突然顔を出して、喋り始める、あれだ。私が長年テレビの記者を目指す学生に教えてきた言葉がある。それは、「(記者)リポートは顔出しが命」ということだ。

どういう意味かというと、視聴者にとって一番印象に残るのは、〝顔出し〟と〝締め〟の部分なのだ。テレビの記者にとって、リポートは新聞でいうところの〝署名記事〟。顔を全国に晒《さら》して、自らの言葉でリポートするわけだから、この合わせてわずか二十秒程度の原稿には魂を込めなければならない、というのが私の考えだ。

残念ながら最近の記者リポートの顔出しは、スタジオ・リードのおうむ返しが多い。例えばこういうことだ。

スタジオ・リード

きょう未明、×××県×××村の県道で大規模な土砂崩れがあり、乗用車三台とトラック一台が巻き込まれて、運転手らが生き埋めになっている模様です。現在、懸命の救出活動が行われています。

記者顔出し

きょう未明、こちらの県道でご覧のように土砂崩れがあり、乗用車やトラックが巻き込まれて中に人がいるようです。

スタジオですでに言っていることを繰り返しているだけだ。別に記者がわざわざ顔を出して絶叫しなくても、視聴者はすでに知っている。

では、どのような顔出しが正解なのか。

いい顔出し

崩落現場ではいまだ激しい雨が斜面を打ち続け、私も目をあけていられません。一寸先も見えない状態です。時々大きな岩がすさまじい音を立てて斜面を転げ落ちるなど、きわ

（注4）顔出し
局によって言い方は変わる。英語ではStand Up。文字通り、リポートの最初に記者が顔を出して話す部分。

めて危険な状態です。救出にあたっている消防団員も手が出せません。

つまり、記者は自分がなぜそこにいるのか、何を視聴者に伝えるべきかを考えなければならない。現場で最新の情報を伝えるためには、そこにいる記者にしか分からないことを話す必要がある。音、色、匂い、触感など、五感をフルに使って表現する能力が求められる。

そして、〝締め〟である。これも〝顔出し〟に勝るとも劣らず重要だ。視聴者の記憶にしっかりとどめる必要がある。尻切れトンボにならないように、視聴者に対して、知らしめる必要がある情報を凝縮して伝えなければならない。

先の例でいえば、以下のようなものだ。

締め

事故発生からすでに四時間、一刻も早い救出が望まれます。

もう一つ重要なことがある。それは、〝顔出し〟と〝締め〟を撮る場所をどこにするか、という問題だ。テレビニュースにとって映像はきわめて重要な意味を持つ。顔を出している意味が明確になければならない。先の例だと、崩落現場だと分かる場所に立たねばならない。かといって、警察や消防の規制線の中に入るわけにはいかないから、少し離れて引いた映像で現場を俯瞰《ふかん》できるような場所を探さねばならない。取材をしながらこれも考えなければならないのはかなり厄介だが、それがテレビ記者の仕事だから仕方ない。

どのような場所でリポートするかで、視聴者の受ける印象は大きく変わる。撮り方も、固定したサイズで十秒喋りきるのか、現場の山に最初ズームしておいて、そこからズームアウト（手前の記者に次第に焦点を合わせること）して終えるのか。または、その逆で記者の顔から始まり、山肌にズームインしていくのか。これも記者が決めることだ。

記者リポートの場合、まだ仕事は終わらない。ボイス・オーバーを撮らねばならない。ボイス・オーバーとは、〝顔出し〟の後の原稿を、記者自身が読み、それを録音したものだ。雑音が入らないように、車の中や、騒音の少ない場所でカメラのテープ（今はブルーレイディスク、もしくはメモリーカードなど）に録音する。

後は、スタジオ読みの原稿と同じ、インサート映像とスーパーを決めて局に送ればよい。

お分かりいただけただろうか。テレビ記者の仕事が新聞記者と根本的に違い、多岐にわたることを。彼らは日夜現場で、どうしたら分かりやすいリポートを視聴者に届けることができるか、奮闘している。

つまり、基本的にテレビ記者は、ストレート・ニュースを視聴者に届けるために走り回っているといえる。

報道の仕事は想像以上に労働集約的だ。取材は地道なもので、社会部の取材（殺人や事故や誘拐など）では、〝地どり〟といって、現場で聞き取り取材をすることが多い。思わぬスクープ情報にぶち当たることもなくはないが、多くは空振りに終わる。ひたすら張り込むこともあれば、尾行することだってある。夜、取材対象の家の前で帰宅を待っていると、近隣の人に不審がられて警察を呼ばれることだってある。やっていることは警察と同じようなことであり、駆け付けた警邏《けいら》のお巡りさんに、「お疲れさん」と同情されたりすることすらあるのだ。

限られた人数で、大人数の記者を抱える新聞やＮＨＫに対抗している民放は、正直ストレート・ニュースを追いかけるので精一杯である。東京キー局で記者は、八〇名から一〇〇名程度（二〇名程度の特派員を含む）。それに対し、全国を網羅する大手新聞社、ＮＨＫは、三〇〇〇名前後の記者を擁する。

かつてはニュースの時間は短かったが、最近では、夕方のニュースは二時間が普通である。二時間をすべてニュースで埋めるためには、多くのマンパワーとコストが必要であり、それもエンタメ化が進んだ一つの理由であろう。

ディレクターの仕事――締め切りに追われる外部スタッフ

ディレクターの仕事ほど多岐にわたるものはない。番組のディレクターには社員もいるがごくわずかで、ほとんどが外部スタッフだ。なかには二十年以上も一つの番組に関わっている人間もいるが、番組によって、複数の制作会社とテレビ局が契約を結び、ディレクターを派遣してもらっている形だ。

夕方の番組のディレクターを例にとると、まず、午前の編集会議後、番組の粗い構成に基づきＰＤからどのニュースの担当かを割り振られる。担当するニュースの尺も同時に与えられる。その中で、どのような構成にするかをＰＤの了解を得つつ考え、カメラやリポーターを発注して、外に取材に出る。五分とか七分などの長い尺となると、複数のディレクターが複数の現場に取材に出ることもある。

現場に着いたら、取材を開始。もし取材部の記者が現場にいたら、連携を取りつつ、情報交換したり、映像を撮り分けたり、臨機応変に動く。必要な映像と、リポーターの顔出しを撮り、速やかに現場を撤収し、映像素材を持って局に上がるか、局から遠い場所にいるなら、中継車やローカル局などの電送場所に行くか、最近ではその場でパソコンを用いてインターネット経由で、素材を電送する。

自分がオンエアまでに局に戻ることができるのであれば、自分が素材を編集するが、戻れなければ、中にいる別のディレクターに編集を託すことになる。彼ら外部ディレクターはいわば〝ニュースの職人〟である。決められた時間内に完璧なＶＴＲを作らねばならない。一人のディレクターにＡＤが複数名付くこともある。オンエアまでにやることは山ほどある。

・インサート映像の編集のための素材をすべて事前に用意する。
・スーパーを発注する（スーパーをサーバーに入力するのは別のスタッフ）。
・インサート映像が流れている時のＢＧＭ、効果音を決める。

そして、実際にニュースを生で送出する時に、副調整室でスーパーの生出し、インサートＶＴＲを流すタイミングの指示を行う。中継の場合は、現場のフロア・ディレクターとの中継連絡もある。

面白いもので、こうしたディレクターの業務に関して書かれたマニュアルというものは一切ない。先輩がやっているのを見様見真似で覚えていくしかない。まさしく究極のＯＪＴ（On-the-Job Training：実地職業訓練）といえる。なにしろ、一つミスすれば、テレビの世界でいう〝事故る〟＝放送が出ないということになりかねない。画面が真っ黒になったり（黒味という）、ＶＴＲが途中で切れてしまったり、いきなりＣＭが始まったりなどは、テレビマンとして最大の恥なのだ。したがって、オンエア直前と最中は、担当ディレクター、ＡＤは極度の緊張を強いられる。

特派員の仕事——現地の情報提供者が命綱

特派員という仕事もかなり特殊な能力が求められる。基本的に、中堅クラス以上の記者がなる職種である。求められるのは語学力だが、現地に優秀なアシスタントがいれば、必ずしもバイリンガルでなくても構わない。多くの場合、支局では日本語と英語と現地の言葉を喋る人間を雇っている。彼らはＦＤ（Field Director：フィールド・ディレクター）と呼ばれることもあれば、助手と呼ばれることもある。

まず特派員は現地で日々起きているニュースをフォローするのが仕事だ。東京にＡＰ通信やロイター通信を通じて配信されるような大事件なら、仮に寝ていても電話で叩《たた》き起こされる。そしてすぐさま取材に飛び出すこともしばしばだ。

時間に余裕があれば、カメラマンと助手を連れて現場に向かう。私の場合はニューヨーク特派員として、北米と南米をカバーしていたから、何か事件が起きるとすぐさま飛行機で現地に飛ぶことが多かった。

もし、時間に余裕がなかったら？　その時はとりあえず一人でも現場に向かう。とにかく、特派員が現場に一刻も早くたどり着くことが重要なのだ。ライバル局より一秒でも早く。特派員が現場に着きさえすれば、すぐに取材を開始し、原稿を書くことができる。移動中は、支局のリサーチャーが事件に関する情報を漏らさず調べてメールしておいてくれる。体一つで移動さえすればよい。支局のＦＤやカメラマンと後で合流できればそれがベストだが、それが間に合わないとなれば、支局がすでに手配しているフリーの助手やカメラマンと現地で待ち合わせて、さあ、取材開始だ。

新聞と違い、現地で取材し、カメラを回して撮った素材を日本に電送するためには、電送設備がなければならない。その町のローカル局に素材を持ち込んで、衛星や自社の光ファイバー網に乗せて電送するのが楽だが、現場にローカル局の中継車が来ていれば、その中継車から衛星経由で電送すれば時間を節約できる。衛星回線はその場で、中継車にいるローカル局のエンジニアと交渉し、借りればいいのだ。日本ではちょっと考えられないが、ローカル局にとっては臨時収入となるから、喜んで回線を販売してくれるのだ。フリーの助手やカメラマンも同様で、大きな事件なら彼らもよそから来た我々のようなメディアからの仕事は、渡りに船、というわけだ。

具体例として、二〇〇〇年のブッシュVS.ゴアの大統領選の時の話をしよう。開票が始まり、最後の最後で、ものすごい接戦となったこともあり、全世界の注目を集めたこの大統領選。フジテレビでも、ほとんどすべてのニュース番組が中継で最新情報を伝えた。時差の関係で、日本の夕方のニュース向けに中継をしようとすると、アメリカ東部時間で早朝四時か五時あたりになる。NHK以外の民放は自前の中継車などレンタルするお金もないし、いつものように、現場でアメリカのローカル局の中継車をノックして衛星回線を買うのだ。明け方は米国内では放送がなく、米テレビ局の中継エンジニアらは宿で寝ている時間だが、ちゃんと我々の中継の時間になると中継車に戻ってきてくれる。

特派員は、本社報道局外信部と連絡を取り、何時のニュースにどのような内容の中継リポートができるか、事前に調整しておく。海外では日本のテレビ局の看板はまったく通じない。知名度もなければ、マンパワーもない。頼れるのは現地で雇っている助手だ。彼らに必要な取材を頼み、情報を得る。日本向けに中継するための衛星回線を予約し、本社に連絡する。リサーチの結果を基に特派員は記事を書き、東京に送信。デスクのチェックを経て、最終原稿とする。

さていよいよ中継本番となる。事前にFDは中継車に行き、回線が実際に東京本社とつながっているかどうかチェックする。映像、音声、どちらも本社副調整室(サブ・コントロール・ルーム、略称サブ）に届いているか最終確認し、中継に臨む。

中継で特派員が気を付けなければいけないことは、事態が刻一刻と変化しているため、最新情報のチェックを怠らないことだ。場合によっては、原稿の中身が大きく変わってしまうこともありうるわけで、最新情報を入手したら臨機応変に原稿の内容を変え、リポートしなくてはならない。

その際も、ＦＤが力を発揮する。中継のためにカメラの前に立っている特派員は、取材のために動き回るわけにいかない。無論ＦＤが二人いればもう一人が動けるが、限界がある。先の米大統領選のケースでは、共和党と民主党が激しい訴訟合戦を繰り広げていた。一票を争う接戦のため、両党がお互いに相手陣営に不利になる材料を見つけ、票が増えないように訴訟を起こし続けた結果、同時に十数件の訴訟が審理されているという異常な事態に陥ったのだ。

ある時、中継の最中にそのうちの一つの訴訟の最高裁の審理結果が発表された。裁判所の正面で中継の直前に突然会見が始まったのだ。しかし、特派員である私、ＦＤの二人、カメラマンは全員中継ポイントにいて、裁判所の正面玄関に行くことはできない。このままでは結果を伝えることはできない。すると、ＦＤの一人が携帯電話を取り出してどこかに電話をかけ始めた。そうこうしているうちに中継は始まってしまった。私は「たった今、注目の裁判の結果が出たようです。今、裁判所前で会見が始まっています……」と喋り始めた。ふとそのＦＤが大きめの紙に何かメモを書いて私に見せている。見ると「××党が勝訴」と書いてある。私は、「裁判の結果です。たった今、判決が出ました……」とほぼタイムラグなく最新情報を中継で伝えることができたのだ。誰も会見を聞きに行っていないのになぜ？

答えは、単純なことだった。そのＦＤはニューヨークの支局に電話し、全米ネットワークが中継していた最高裁前の会見をリアルタイムに聞いて、その内容を私に伝えたのだ。聞いてみれば「なーんだ」という話だが、中継というわずか一〜二分のリポートに最新情報を盛り込むためには、裏でチームワークが試されるのだ。普段から息の合ったチームだったからこそ、瞬時に判断し、必要な情報を私のリポートに入れることができたのだ。そうしたチーム作りも特派員の重要な仕事である。

ところで、アメリカのような先進国の場合はまだシステマチックに物事が動くが、南米のようなところだと、ことはそう簡単ではない。そもそも英語が通じないことも多い。頼りになるＦＤたちもスペイン語が堪能な者は少ないし、なにより、国によって取材の危険度も大きく異なる。したがって、なじみのない国に行く場合は、その国の実情をよく知っている現地のジャーナリスト（Stringer：ストリンガーと呼ぶ）を雇うのが一般的だ。彼らは、フリーランスだったり、ＡＰ通信やロイター通信のジャーナリストだったり、通訳だったりする。入国前に契約を結び、現地で取材の手伝いをしてもらうのだ。

忘れもしない、一九九六年十二月、赴任してまだ四カ月の冬、ペルーの首都リマで日本大使館公邸占拠事件が勃発した。取材のために現地に飛んだ私は、事件が解決する一九九七年の四月までリマにとどまることになるわけだが、この時雇ったのは、現地の日本人通訳の女性とその夫（元国家公務員）だった。これは東京の本社が現地の電話で通訳として雇った人で、リマに着いた私とＦＤの二人は、現地で彼女らと落ち合った。この夫婦は、ジャーナリストではなかったが、夫が元政府の官僚だったこともあり、さまざまな人脈や情報を擁していたことから、事件が最終的に解決するまでの五カ月間、取材を共にすることになった。

この事件についてはいずれ別の機会に書くことにするとして、特派員にとって他の国で取材するにあたり、どれだけ優秀なストリンガーを確保できるかが、最も重要である。いくら初動が早く現地入りしたとしても、情報がなければ記事を書くことも、リポートすることもできないからだ。したがって、特派員は普段から近隣諸国に取材に行くことを前提に、優秀なストリンガーをリスト化している。

テレビの特派員の場合、新聞などの活字メディアと違ってさらに重要なことは、現地のテレビ局の放送の方式に精通していなければならない、ということだ。世界のテレビの放送方式は、国によって違う。中南米でいえば、ブラジルはＰＡＬ－Ｍ方式といって、アメリカから機材を持ち込んでも変換せねばならず、面倒だ。したがって、カメラマンやエンジニアは現地のプロダクションから雇うことになる。こうしたさまざまな知識と臨機応変な判断力が、特派員に求められる資質である。

キャスターの仕事――華、経験、教養

大学でメディア志望の学生に教えていた時によくされた質問に、「どうしたらキャスターになれますか？」というものがある。答えは「なろうと思ってなれるものでもないんだ

よ」としか言いようがない。運とかタイミングとかが重要だったりする。そういう意味では他の仕事と変わらないのかもしれない。ただ、いつかキャスターになった時に役に立つ能力を身につけることはできる。ここでは、キャスターに求められる資質について考える。

まず、必要と思われる資質を箇条書きにしてみよう。

①　華（外見、声、喋り）
②　経験、教養

と、書いてみたら、意外とないことに気づいた。

①の〝華〟とは、テレビならではの基準だろう。それも、画面で見て〝華〟がなくてはならないのだ。普段、〝華〟がなくてもまったく問題はない。が、画面の中で〝華〟、つまり特別な存在感がないのは困る。不思議なもので、普段はさして目立つわけでもないのに、画面では映《は》える人というのはいるものなのだ。よく、写真写りがいいというが、まさ

しく画面映りがいいことが重要だ。テレビは映像があってこそ。視聴者を引きつけて止まない、〝華〟のある人物こそキャスターにふさわしい、ということになる。

次にくるのが、②の経験と教養だ。本来はこれが先にくるべきだろう、とつっこまれそうだが、テレビの場合は必ずしもそうならない。経験とは、先に書いたように、記者として豊富な取材経験があることが望ましい。場数を踏んでいればいるほど、ニュースを読む姿に信頼感が増すだろう。記者としてさまざまな現場でリポートをした経験があれば、どんな取材でも冷静沈着にオンエアに対応できる。そして、教養だ。語学や政治、経済、文化、あらゆる分野への深い造詣と知識を擁していれば、わずか数秒のコメントも重みが増す。そうした総合的なキャスターの能力が、番組の信頼感に寄与するのだ。

私がキャスターとしてその能力がすごいと思ったのは、NHK出身の木村太郎氏だ。彼は一九六四年にNHKに入局、主に海外特派員を経験し、一九八二年から『ニュースセンター9時』のメインキャスターを務めた。その後フリーとなり、一九八九年フジテレビに転身、一九九〇年四月からは『FNN NEWSCOM』のメインキャスター、一九九四年四月から『ニュースJAPAN』のコメンテーター、二〇〇〇年四月から『FNNスーパーニュース』のコメンテーターなどを務め、二〇一〇年七月からは『Mr.サンデー』

のコメンテーターとして不定期に出演している。

忘れられないのは、アメリカの大統領選挙の中継の時のエピソードである。場所はニューヨークのダウンタウンで、フジテレビは大きなビルの空きホールをレンタルし、そこに取材センターを設営した。木村キャスターはそのビルの外の通りから日本に向けて中継をすることになっていた。私も中継の直前、現場にいて木村キャスターが喋りだすのを見ていた。

すると、技術スタッフが叫んだ。「回線が落ちました！」。回線といっても、映像と音声とがある。その時は、ニューヨークからの映像と音声は東京につながっていた。ところが、東京からの音声回線が落ちたのだ。実はこうしたトラブルは意外と普通に起きる。

東京からの衛星回線経由の音声は、現場でイヤー・モニターを付けている人間に聞こえるようになっている。その音声が来ないということは、二つの点で困ったことになる。まず、中継で話す木村キャスターに話しだすタイミングを教えることができない。東京からのQ出し（Cue：キュー。テレビ用語で、リポーターが話しだすタイミングなどを指示する言葉）をするのはＦＤ（Floor Director：フロア・ディレクター）だが、そのＦＤは、普通、衛星回線を通して東京からの指示を聞き、目の前のキャスターにそれをジェスチャーやボードに書いて伝えるのが役割だ（声を出すとオンエアに入ってしまうから声は出せない）。しかし、音声が来ないと、Ｑ出しのタイミングが分からない。

話しだすタイミングをキャスターに知らせなければいけないのは、なにも最初だけとは限らない。中継の途中で、ＶＴＲを流す場合、ＶＴＲに入るタイミングと、終わるタイミングをキャスターに教えなければならない。つまり、東京からの指示がなければ、中継先にいる側としては、いつ、どのタイミングで話していいか、まったく分からない状態になってしまうのだ。

もう一つ困ることとは、キャスターが直接スタジオからの質問などを受けて話すことができないことだ。東京のスタジオにいるキャスターらとやり取りができないのは辛い。

さて、この時、衛星回線はオンエアまでに復旧しなかったので、ＦＤは携帯電話で東京とつなぎ、Ｑ出しをすることにした。中継で話すほうとしては滅茶苦茶《めちゃくちゃ》不安な状況だ。しかし、私がびっくりしたのは、木村キャスターが、ニコニコしながらまったく慌てていなかったことだ。彼はＦＤに向かって、「大丈夫、Ｑだけくれればなんとかするから」と落ち着いていた。

そんなことができるのか？と半信半疑だったが、実際彼は数分の中継を、まったく東京からの音声が聞こえない状態で何のトラブルもなく無事に終えたのである。これがどれだけすごいことか、ピンとこないかもしれないが、木村キャスターは、タイミングさえ分かれば、決まった秒数で話すことができる能力があるということだ。数分のニュースの構成が完璧に頭に入っていなければできないことだが、長い記者経験があったからこそできたのだろう。

このエピソードで分かるように、キャスターには、取材の場数はもちろんだが、本番に強い度胸、胆力、といったものも求められるのである。ある意味、役者などとも似たところがあるかもしれない。自分が取材して書いた記事を、あらゆる能力を駆使して視聴者に伝える。

一見、シンプルに思えるこの作業を淀《よど》みなく行うことができるだけの能力は、一朝一夕には身につかない。だからこそ、キャスターという仕事は誰にでもできるものではない。ただ単に〝華〟があればいいというものでもない。やはり報道番組のキャスターには経験を積んだジャーナリストがふさわしい。

解説委員の仕事――ここでも外注の波が押し寄せる

新聞と違ってテレビの解説委員の歴史は浅い。そもそも新聞やNHKには存在する、解説委員室や編集委員室といった組織を擁している民放局はほとんどない。民放が自前の（社員の）解説委員を育ててこなかったのは、解説は新聞の論説委員や専門家を呼べばいい、と考えていたからだろう。実際、看板番組なのに、キャスターも局の人間でなければ、解説する人間も新聞社の編集委員だったりするのだ。テレビ朝日系列の『報道ステーション』などは典型的な例で、司会はフリーのアナウンサー、隣にいる解説者は、朝日新聞の論説委員と相場が決まっている。

局の解説委員の仕事とは、ニュース番組や情報番組に出演して、ニュースの解説をしたり、コメントしたりすることである。自分の専門分野を持ち、分かりやすく解説する能力が求められる。テレビ局の解説委員は長年記者の仕事をしているので、まず、

① 喋りがうまい。

②　コンパクトに話せる。つまり、決められた秒数で話すことができる。
③　対立する議論をまとめることができる。

などの力がある。

もう少し詳しく説明すると、①の〝喋りがうまい〟というのはテレビではとても大切な能力で、番組でコメンテーターとして出演しているゲストはほぼ、滑舌よく話せる人たちである。そもそもそういう人を選んでいるのだから当たり前だが。どんなに出演してもらいたくても、話が長い、話が堂々巡りしてしまう、声が小さい、滅茶苦茶早口である、滑舌が悪くてよく聞き取れないという人には、残念ながら出演していただけないのだ。
②の〝コンパクトに話せる。決められた秒数で話せる〟というのも、テレビでは必須の能力だ。番組、特に生放送は秒単位で進行している。あと五秒で何か言わなくてはならない、なんてことはざらだ。その五秒でどんなネタでもなんらかのコメントを話せる、という人はそうそういない。これはやはりテレビ屋の特殊能力であろう。
③の〝対立する議論をまとめることができる〟。これもきわめて重要な能力だ。番組の司会者・キャスター（Master of Ceremony：ＭＣとも呼ばれる）は、番組の進行にどうして

も気を取られる。民放の場合は特に、次のＣＭが確定（ＣＭの入り時間が決まっていて動かせないこと。ケツカッチン、カッチンなどともいう）だったりすると、それまでに議論が途切れないように最大限の神経を使うものだ。

議論が偏ったり、収拾がつかなくなったりした時に、全体の議論を見渡して中立的な意見を述べ、バランスを取ったり、いったん拡散した議論を整理して、元の議論に戻す、もしくは新しい視点で議論を再構築する、といった役割も求められる。こうした役割こそ局の解説委員が務めるべきものである。テレビは放送法に縛られており、公平性を求められているがゆえに、番組制作上、絶えずバランスを取ることが必要なので、局内に解説委員のような存在が必要になってくるのだ。

このように局自前の解説委員は重要な役割を担うのだが、それを外注にしている局が多いのは残念なことだ。系列新聞社の論説委員に頼るのも結構だが、それではいつまでたってもテレビ局の中に、〝ニュースを解説する力〟は醸成されない。視聴者のテレビ離れはこうしたところにも原因がある。

第三章　テレビを取り巻く激動の環境変化

二十一世紀に入り、メディアを取り巻く環境は、インターネットの普及により大きく変化し始めた。内外の環境変化について見ていく。

ウィキリークスの衝撃

二〇〇六年、ウィキリークスが誕生したことは、既存メディアに衝撃を与えた。

ウィキリークスとは、オーストラリア出身のジュリアン・アサンジ代表らが、二〇〇六年に創設し、内部告発情報をサイトで公表し始めたものだ。二〇一〇年四月、イラクで二〇〇七年に米軍ヘリが民間人を射殺する様子を撮影した内部ビデオを暴露し、一躍全世界の注目を集めた。その後も、アフガニスタンにおける米軍作戦に関する機密報告書、イラク戦争に関する米軍機密文書など、次々とリークが続いた。

こうしたリーク情報は、英紙『ガーディアン（The Guardian）』、米紙『ニューヨーク・タイムズ（The New York Times）』、仏紙『ル・モンド（Le Monde）』、独週刊誌『シュピーゲル（Der Spiegel）』など、ウィキリークスが選別した大手メディアやジャーナリストにのみ提供された。

従来、リーク情報というものは、長期にわたる地道で綿密な取材の下に築かれた人脈から、各メディアにもたらされることが通常であった。しかし、ウィキリークスにリーク情報が集まるとなると話は別だ。これまで編集権を独占してきた既存メディア、つまりクオリティ・ペーパーや、全米ネットワークのＡＢＣ、ＮＢＣ、ＣＢＳ、Ｆｏｘ、ケーブルネットワークのＣＮＮなどに対し、ウィキリークスは膨大な量のリーク情報を、自らがメディアを選別して配信するようになったのだ。

インターネット上に存在する巨大サーバーに蓄積されたリーク情報を、メディアを選別しながら世界に配信するウィキリークスの誕生は、既存メディアが〝編集権〟を失ったことを意味した。これは、ジャーナリズムが誕生して以来の革命的な出来事だといえる。

では、アサンジ氏はジャーナリストなのか。ジャーナリズムは、ニュースの背景を説明し、分析を加え、読者に判断の材料を提供することを使命としているが、ウィキリークスは情報をメディアに提供するだけだ。そういう意味において、アサンジ氏の目的はむしろ世界規模における革命なのかもしれない。だとしたら、既存メディアはウィキリークスにリーク情報を頼るのではなく、彼らの提供した情報を精査し、次に国家は、そして人類は何をすべきなのか、読者や視聴者に示唆や新たな指針を与えるという、本来のジャーナリズムの仕事に徹するべきであろう。

その後、アサンジ氏は二〇一〇年十二月に、スウェーデンにおける性的暴行容疑で、ロンドン警視庁に逮捕され、英国最高裁は二〇一二年六月にスウェーデンへの移送を決定したが、アサンジ氏はエクアドルへの政治亡命を在英エクアドル大使館に申請、現在も同大使館に滞在中である。

結局、ウィキリークスのもたらしたものは何だったのか。真剣な考察が必要だ。今後第二、第三のウィキリークスが生まれない保証はない。その時、メディアは、その情報に飛びつくのか、無視するのか、踏み絵を迫られるだろう。アナログの世界からデジタルの世界に移行した今、瞬時に判断が求められることを覚悟しなくてはならない。

今まで既存メディアは、自分たちがすべての情報を収集できる唯一の存在だと思っていただろうが、現代においてそれは単なる幻想だったことが明らかになったのだ。

だからといって、既存メディアの存在意義がなくなったとは思わない。ウィキリークスはジャーナリズムかと問われれば、それは違うと思う。アサンジ氏の本当の意図は知る由《よし》もないが、特定の意図を持って情報をリークする存在は過去も、そして現在も未来も必ずいるものだ。リークの手法としてインターネットが使われた、というだけの話である。

既存メディアは、第三者がリークした情報を冷静に分析し、その真贋《しんがん》を見極め、読者、もしくは視聴者にその情報をどう判断したらいいのか、材料を提供することが役割となる。そういう意味において、既存メディアにとって、ウィキリークスの誕生はいいことだったのかもしれない。自らの役割を再認識する好機となったと考えればよい。今後ネットの力を借りた第三者による情報の伝播に対し、メディアとして地球市民にその情報について判断する材料、分析を提供することが必要だと確認できたわけだから。

尖閣諸島中国漁船衝突映像流出事件

日本でも衝撃的な事件が起きた。

二〇一〇年九月七日に沖縄県の尖閣諸島沖で、中国の底引き網漁船が海上保安庁第一一管区海上保安本部の巡視船「みずき」「よなくに」両隻に衝突。その場面などを撮影した約四十四分間のビデオが二〇一〇年十一月四日、動画投稿サイト「ＹｏｕＴｕｂｅ」に投稿された。ユーザー名は「sengoku38」で、インターネット上で拡散した。

後にこの人物は、当時海上保安庁保安官だった一色正春氏と判明。ビデオを時の民主党政権が公にしなかったことに義憤を感じ、神戸のネットカフェから動画投稿サイトのＹｏｕＴｕｂｅにアップロードしたのだ。一色氏はＣＮＮ東京支局にＳＤメモリーカードを送ったと報道されたが、ＣＮＮが放送することはなかった。結局、一色氏は他のテレビ局や新聞社にもメモリーカードを送ることはせず、自ら映像をネットに投稿した。

いわゆる情報提供の際には、ビデオなどをテレビ局に持ち込むなどしてリーク情報が自分の手から離れてしまい、公開されるか否かの判断をマスコミに委ねざるを得なかった過去と比べ、インターネットの普及により、誰もが簡単に情報を世界中に知らしめることが可能になったのだ。それは、既存メディアが独占的にリーク情報を得る手段を失ったことを意味する。

ＹｏｕＴｕｂｅ上に投稿された映像に気付いた各テレビ局は当然、大騒ぎになった。それまで日本のテレビ局はＹｏｕＴｕｂｅとの提携に慎重な姿勢を取っていた。特に在京キー局は、番組の違法アップロードに神経を尖《とが》らせ、ＹｏｕＴｕｂｅとパートナー契約を結び公式チャンネルを開設することには慎重だった。まず、二〇〇九年にＴＢＳとテレビ朝日が公式チャンネルを開設し、二〇一〇年にテレビ東京が、二〇一一年にフジテレビ、日本テレビが最後に公式チャンネルを開設した。日本のテレビ局が慎重な背景には、出演者との権利関係が複雑なために、放映後のコンテンツ活用を含めた包括的契約を出演者と交わしておらず、ドラマやバラエティなどの配信ができないことがあった。当然、ＹｏｕＴｕｂｅに投稿されている動画をニュースなどで使うことはほとんどなかった。

しかし、ことここにおよんで、そんなことはいっていられなくなった。政府が頑《かたく》なに映像を公開しない中にあって、このリーク映像は世紀のスクープかもしれないのだ。だが、その真贋を確かめるすべはない。どうする？　各テレビ局は大いに悩んだ。

およそ四十四分間にわたるその映像を、あるテレビ局は、ＣＧの可能性はないか専門家に分析させた。注目したのは〝航跡〟。船が航行した後に残る水面上の〝跡〟だ。それをＣＧで加工するにはかなりの手間がかかるという。精査した結果、映像は明らかに、昼間に撮影されたもので、太陽光を反射する無数の航跡を見る限り、映像加工した可能性は限りなく低い、との判断を得た。よって、これは本物の映像であろう、という結論に至ったという。

そうこうしているうちに、いくつかの局がその映像を、〝ＹｏｕＴｕｂｅより〟とのキャプション付きで放送し始めたので、すべての局が雪崩《なだれ》を打って、翌朝からニュース映像として〝ＹｏｕＴｕｂｅ〟映像を使用することになったのだ。この一件から、ＹｏｕＴｕ beの映像をキャプション付きでニュースに使うことが当たり前になったという点において、この事件はテレビニュースの歴史の中で、特筆すべきものだろう。

SNSの台頭とアラブの春

二〇一〇年末から二〇一二年にかけて、北アフリカ、中東諸国で次々と民主化運動が起きた。一九六八年にチェコスロバキア（当時）で起こった〝プラハの春〟にならい、〝アラブの春〟と呼ばれた事件である。

発端は、チュニジアで起こった〝ジャスミン革命〟と呼ばれた政権転覆だ。二〇一〇年十二月十七日、中部の都市シディブジドで、青果商の青年が、当局の取り締まりに抗議し、焼身自殺したことが発端となった。これに怒った民衆はSNSを使って情報交換し、抗議デモを呼びかけた。やがて、ベンアリ政権打倒の全国デモへと拡大し、翌二〇一一年一月十四日、ベンアリ大統領がサウジアラビアに亡命して、二十三年間続いた長期独裁政権は終わりを告げたのだ。

このジャスミン革命の動きは、瞬く間にエジプトにも波及した。ここでも市民がフェイスブックやＳＭＳ（携帯電話のショート・メッセージ・サービス）などで連携し、ムバラク政権打倒のデモが拡大、二〇万人を超える民衆が首都カイロのタハリール広場を占拠した。デモ弾圧に出動した警官隊もデモに合流し、また軍も民主化に連帯する意思を示した。こうして、警察と軍による強権支配を続けてきたムバラク大統領は後ろ盾を失い、同年二月十一日、最初の反体制デモからわずか二十日足らずで退陣、政権を軍最高評議会に委譲した。

さらに、リビア、シリア、バーレーン、イエメンでも、長期政権に対する民衆の抗議デモが頻発。武力衝突から内戦状態になったリビアでは、ＮＡＴＯ軍の介入によって、同年八月、四十年以上も続いたカダフィ軍事政権が崩壊した。

この一連の〝アラブの春〟の原動力となったのが、携帯のショート・メッセージであり、フェイスブックやツイッターなどのＳＮＳであった。反政府勢力は、これらを駆使し、情報を共有することによって機動的にデモを行い、政権側を追い詰めた。その結果、政権の転覆にまで至ったのだ。

また、反政府運動に身を投じた人々は、ＳＮＳを駆使し、今何が起きているか、リアルタイムに世界に発信した。これまではテレビで衛星中継が放送されなければ、現地の様子を知ることはできなかったが、インターネットのおかげで、まさにリアルタイムに何が起きているか、世界中の人々が知ることができるようになったのだ。

デモが拡大し始めた時、エジプトでは政権側がインターネットを遮断して、世界に情報が拡散するのを防ごうとした。しかし、グーグルとツイッター社は、音声通話・音声認識を利用し、喋るだけでツイッターに掲載される新サービス、〝speak2tweet〟を開発、すぐにネット上に公開した。

エジプト国民がある番号に電話し、ボイスメール（留守録）を残すと、ツイッターアカウント@speak2tweetにメッセージのリンク（短縮URL）が、#egypt（#：ハッシュタグ。ツイッター上の識別番号のようなもの）と共に掲載される。そのリンクからエジプト国民の声を聞くことができる仕組みだ。公権力がインターネットによる情報拡散を妨害しようとしても、無駄なことが明らかになった。

ひとたびネットに民衆の声が届けば、それが世界規模で同時に拡散される現代。〝アラブの春〟のような歴史的な社会の変革をもたらしたのは、新聞やテレビではなく、インターネットだった。情報が伝わる速さで、新聞・テレビはネットにはかなわないことがここでも明らかになったのだ。

ネットの進化についていけないテレビ

テレビ局の人間は驚くほどネット・リテラシー（インターネットを正しく利活用する能力）が低い。他の業界と比べても低いほうではないか。確かに、管理職（五十五歳以上）の人間が若かりし頃、インターネットは普及していなかった。そして、もっと不幸なことは、二〇〇五年二月、フジテレビは堀江貴文氏率いるライブドア（当時）に、続いて十月に、ＴＢＳは三木谷浩史氏率いる楽天に買収されかかった。結果、どちらの局も買収は免《まぬが》れたものの、ＩＴ企業を敵視するようになった。

敵対的買収を仕掛けられたのだから、相手企業に警戒心を持つのは当然だ。しかし、インターネットそのものを警戒するのは本末転倒だろう。ネット社会はそれまでの社会のあらゆる構造を変化させる。マーケティング、販売、物流、購買、在庫管理、情報伝達、意思決定、そして、人々の価値観まで。そうこうしているうちに、ＳＮＳもどんどんユーザーを増やしている。そうした社会の変化にテレビは追いつけているだろうか？　ライブドア憎しの空気は報道局にも蔓延し、ツイッターで呟《つぶや》いたり、フェイスブックに投稿したりすることははばかられるような状況だった。

しかし、私はそんなことはお構いなしに、さっさとツイッターに実名でツイートし始めたし、フェイスブックにも気にせずアカウントを作った。ある時、上司がすれ違いざま、ありがたくも忠告（？）してくれた。「おい、気を付けろ。あっち側の人間だと思われるぞ」。あっち側もこっち側もあったもんじゃないが、部下の行く末を思ってくれる上司に感謝しながら、テレビ局の将来は厳しいな、と思わざるを得なかった。

さて、こんなエピソードがある。私が『BSフジLIVE　プライムニュース』の制作に携わり始めた二〇〇九年、SNSが人気を集め始めた。ツイッターの黎明期《れいめいき》で、まだユーザーは二〇〇万人（国内）くらいだったと記憶している。#primenewsを番組が事前告知し、放送中に番組内容に関してツイートしてもらおうと考えたのだ。当時はかなり珍しいことだったから、新しいことにチャレンジするのにわくわくした。

私は、生中継中にツイートを画面に常時流そうと考え、ディレクターにその準備を指示した。答えは、「できません」。理由を尋ねると、まずネットの情報をリアルタイムに放送画面に表示するには、いったんPC上でツイートをチェックしなければならない。なぜなら、ユーザーのアイコンの中には著作権を侵害しているもの（例：ミッキーマウスの顔など）が多く、そのまま画面に出せないからだ。

また、ツイートの中に誹謗《ひぼう》中傷など、放送できないようなものがあるかどうか、誰かがチェックしなければならない。本来なら編集長の私がすべきなのだが、スタジオにいるからそれはできない。とはいえ、その日のテーマはまさしく、〝ツイッター〟。どうしてもやりたかったので、半ば強引にＰＣをスタジオに持ち込んでツイートを放送画面に映すことを決めた。どうなったか。

結局、ほとんどツイートは画面に流れなかった。せいぜい一〇個程度だったか。私は失望したが、無理からぬことだった。なにしろ、人が足りなかった。私の曜日の担当が、編集長の自分と、プロデューサー、プログラム・ディレクター、ディレクター、アシスタント・ディレクターの五～六人しかいない。

プログラム・ディレクターが放送の最中にスタジオに持ち込んだＰＣ上で、プロデューサーが一つ一つツイートをチェックし、これなら問題ないだろう、と選んだものを打ち込み、画面上でそのツイートが見られるように……と、てんやわんやで頑張ってくれたのだ。それでもこの結果しか残せなかった。それが精一杯だった。その後も数回、テーマによって試みてみたが、番組全体でツイッターと連携させせようという私の提案は、あっさり編集会議で却下された。インターネットを利用して新しい番組作りをしよう、と考えている人間はほとんどいなかったことに、少なからず失望したのを覚えている。

今でこそ、ツイートを放送中に流す番組は増えており、民放の情報番組などでも見かける。本格的に採用しているのはNHKで、月〜金曜、二十三時三十分〜二十四時放送の『NEWS WEB』(注5)という番組は、積極的にツイッターと番組を連動させている。ただ、これも二〇一一年当時に制作されていたなら話題にもなったろうが、今となっては特段、斬新さはない。ツイートを放送に乗せるにしても、一度は番組スタッフが中身をチェックしなければならないし、そこにタイムラグが生じる。基本ツイートはまさしく〝呟き〟にすぎないので、質問とも違う。「面白いです!」とか「それは違うと思います!」などと感想を呟かれても、スタジオでリアクションを取りようがない。それがツイッターというメディアの特性でもある。情報番組で、かつスタジオで緩いトークが行われている時ならまだしも、ニュース番組でそういったツイートが流れても、なかなか拾ってコメントしづらいものがある。

ということで、ツイッターとテレビとの相性は、放送にツイートをのせる、という点において、〝あまりよくない〟といわざるを得ない。インタラクティブ性を求めるなら、ニコニコ生放送のようにコメントをリアルタイムで見ることができ、スタジオですぐに反応できるほうがよほどよい。テレビは所詮ネットにはかなわないのだ。唯一意味があるとしたら、普段テレビをあまり見ないネットユーザーを番組に取り込むことぐらいだろうか。

したがって、やはりテレビはテレビとして、ネットのインタラクティブ性を取り入れるためにマンパワーと時間を使うより、むしろ中身をいかに充実させるかに注力したほうがいいような気がする。

三・一一、既存メディアの信頼性が失われた日

「直ちに、健康に影響をおよぼすものではない」

（注5）ＮＥＷＳ ＷＥＢ
二〇一二年四月二日より二〇一三年三月二十九日まで『ＮＥＷＳ ＷＥＢ 24』として、二十四時〜二十四時二十五分放送。二〇一三年四月より、『ＮＥＷＳ ＷＥＢ』と名前を変え、放送中。

ツイッター番組公式アカウント@nhk_NEWSWEBのフォロワーはおよそ五万人（二〇一四年六月現在）。

枝野幸男官房長官（当時）の言葉を繰り返し報じた既存メディア。東京電力福島第一原子力発電所が水素爆発した時に、政府はその言葉を繰り返した。当然、テレビも新聞も政府の発表を信じて報じたわけだが、その後政府の対応が二転三転したため、メディアの信頼性も大きく毀損した。

その当時は、なぜ日本のメディアは政府の情報を確かめもしないで垂れ流すのか、と厳しく批判された。「なぜ、フジは嘘を流すんだ！」と、毎月開催している勉強会で、参加者の一人から罵声を浴びたこともあった。嘘を流すつもりなど毛頭なかったし、東電の元役員が監査役だからといって、東電に対する批判を避けたり、原発推進の論調で番組を制作したことなど、もちろんない。

しかし、国民の怒りは確かにあの時沸騰していたと思う。その怒りが事態を収拾できない政府に、そして政府の発表をそのまま記事にする新聞や、放送しているテレビに向かったのだと思う。

だが、当時の社会の空気というのは、既存メディアは信頼できず、本当の情報はＳＮＳ上にのみある、というものだったといっても過言ではなかった。ではまさに原発が異常事態に陥って、外部の人間は一切近寄れなかった時に、どうして政府の発表が本当かそうでないか、検証できるだろうか。疑問を呈することはもちろんできるだろうが、政府の発表を正しくない、と判断する材料もなかったのだ。

フリーランスの記者たちはこぞってSNS上で発言を始めた。ツイッターだったり、Ｕｓｔｒｅａｍ配信だったり。決まって、既存メディアに照準を合わせ、テレビ・新聞の流している情報は政府の嘘情報の垂れ流しだ、と喧伝《けんでん》した。が、正直、既存メディア側もそうした攻撃に当惑していたのが事実である。誰も嘘を垂れ流すつもりなどあるはずがなかった。正確かつ迅速に政府発表を放送しているのに、いわれなき中傷を受けている、という感覚だった。

なにしろ普段から原子力災害が起きた時の準備などしていなかったから、何が起こればどのような危険が発生するのか、具体的に語れる記者もいなかったし、どの専門家にゲストとして来てもらったらいいかも、皆目見当がつかなかったのである。原発関連は経済産業省内にある記者クラブが担当なのだが、経済政策を見る記者と、原発関連を見る記者は、前者が経済部、後者が社会部というケースが多く、民放はそもそも原発関連のニュースを専門に見る記者を常駐させていない。経済政策を取材している経済部の記者が兼任しているのが普通だ。

そういう態勢だから、他局に専門家が出ていたのでうちも呼んでみるか、ということがかなりあったし、他局も同様だったろう。結果、同じ人が各局掛け持ちで解説する、という事態となった。彼らだとて、専門はさまざまで、物理学だったり、原子力工学だったりしたが、我々も専門的知識がないから、とにかく専門外だろうが、視聴者が知りたい質問に無理やり答えてもらっていた。彼らも、現地からの情報がほとんどない状態で、「いつメルトダウンするのか？」などと聞かれ、苦しい回答をしていたはずだ。

安全神話にあぐらをかいていたのはなにも東電だけではなく、実はメディア自身もそうだったのである。視聴者が望む情報を提供できなかった、という点において、二〇一一年の原発事故でテレビの信頼性が毀損したのはある意味必然だった。

第四章

視聴率を気にしないテレビニュースへの挑戦

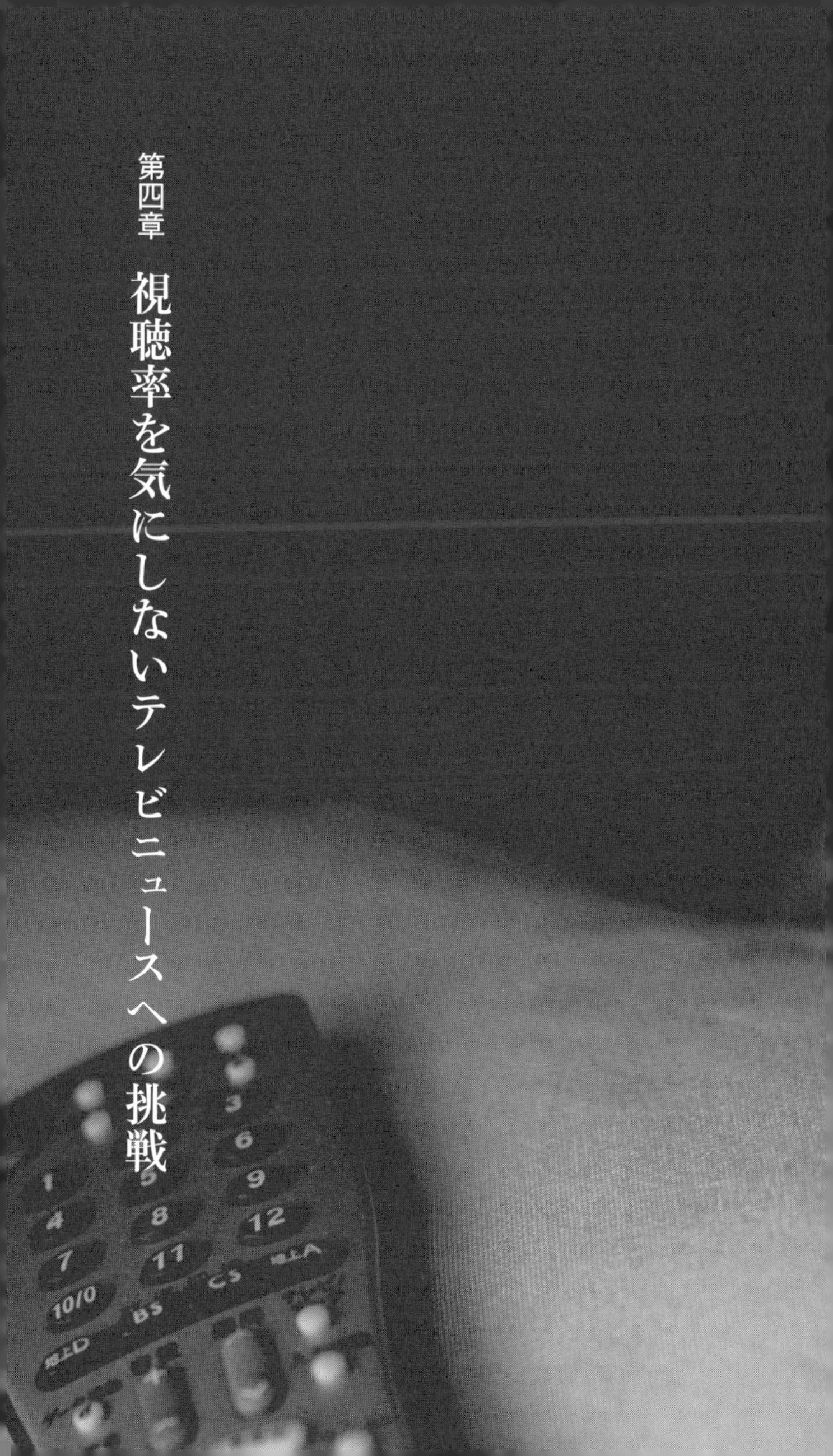

地上波での挑戦

テレビ局も手をこまねいているわけではない。民放の報道局が作るニュース番組ではニュース解説はあまり行われないが、情報番組がその役割をここ十年くらい担ってきた。情報番組も脱芸能を掲げ、政治、経済、外交など、従来扱ってこなかったニュースを積極的に取り上げるようになった。それはそれで評価できる動きであった。

例えば、第一章でも触れた読売テレビ系列の『情報ライブ　ミヤネ屋』などは、豊富な制作費とスタッフで、ニュースを分かりやすく解説。これまでは緩いワイドショーか昼メロの時間帯だった午後の早めの時間帯（月～金曜、十三時五十五分～十五時五十分）に、ニュースを見たい、知りたいという視聴者のニーズをがっちりつかんだ。

そうした中、FNN系列のフジテレビは『知りたがり！』という番組を制作した。第一シリーズ（二〇一〇年三月二十九日～二〇一二年三月三十日）は午前、第二シリーズ（二〇一二年四月二日～二〇一三年三月二十九日）は午後の時間帯で放送された。この番組は、その日の一番気になるニュースを取り上げ、スタジオに専門家を呼んで十分以上時間をかけてじっくり解説する、というスタイルだった。私も何回か解説したことがあるが、志《こころざし》が高い番組だった。番組ディレクターたちは毎日一生懸命ネタ探しから、専門家の仕込み（探して出演のアポイントを取ること）、当日使うフリップ作成まで、時には解説委員の私たちに電話してアドバイスを受けながら作っていた。そうしたスタッフの努力が実って、視聴率は五％前後で推移した。とりわけ高い数字ではなかったが、主な視聴者だと思われる、午前中家庭にいる主婦層やリタイアした方などにニュースを掘り下げて解説する、という番組に一定のニーズがあることが分かった。継続していたら、午前遅めの情報番組に新しいジャンルを拓くことになっていただろう。

しかし、好調だった午前から、午後の時間帯に移ると、強力なライバル番組の『ミヤネ屋』には勝てず、結局『知りたがり！』は打ち切りとなってしまった。ある意味地上波の情報番組の将来を占う番組であったのだが、残念な結果となった。

BS本格報道番組の誕生

テレビ局には、ニュースのエンタメ化に対する批判や、テレビ局に対する信頼の毀損をどうにかしなければ、と危機感を抱いていた人間もいた。どうにかしなければ。意外にもそこにはフジテレビが先鞭をつけた。

それは二〇〇八年の年末のこと。BSフジでとある大型報道番組の企画が誕生した。二〇〇九年四月からの番組立ち上げに向け、報道局の解説委員らが集められ、経営トップが番組の趣旨を直接説明した。「視聴率を気にすることはない。二時間、一人のゲストから話を聞く。そしてその人から提言をもらう」。シンプルな構成と、テレビでは考えられなかった提言を出す番組。つまり、新聞でいう「社説」のような性格を持った番組を作ろうというのだから、画期的だ。

先にも述べたが、テレビは放送法という法律に縛られている。政治的な公平性が求められているから、これまで新聞の社説のような番組はなじまないと思われていた。しかし、この番組は〝提言〟を行う番組だという。放送法との兼ね合いをどう考えるのかと議論になったが、右左どちらかに偏るのではなく、ゲストが自らの言葉で提言を出すことは、放送法に抵触するものではない、と理解した。

もっと画期的だったのは、「視聴率」を気にしなくていい、ということだ。これまた視聴率至上主義のテレビとしてはあり得ない話で、耳を疑ったほどだ。が、経営者の言葉は明快でシンプルだった。よし、今までにない、まったく新しい番組を作ろう！　私はそう奮い立った。

もう一つ私が驚いたことがある。それはその後の番組立ち上げのための準備期間中のこと、会議で示された方針が、「原則、カメラ取材はしない」というものだったことだ。テレビは映像と音声が命、と思っていた私にとって、「映像を撮らない＝ＶＴＲを作らない」というのは、テレビマンとして考えられないことだった。思わず誰かが言った。「それじゃ、放送大学じゃない？」。理由は予算が潤沢に取れない、ということだった。

それにしても、それでテレビの報道番組と呼べるのか？　本当に、トークだけで二時間もつのか？　ほとんどのスタッフは半信半疑だったろう。

しかし、賽《さい》は投げられた。とにかく動くしかない。番組が四月にスタートするまで三カ月しかないのだ。

番組制作は曜日編集長制の下で行うことになった。つまり、各解説委員が曜日編集長となり、テーマの選定とキャスティング、番組の流れを考え、自ら番組にコメンテーターとして出演する形式だ。ＢＳフジはフジテレビとは別会社だ。ＢＳフジの番組なのだから、ＢＳフジが制作すればいいのだが、自前で報道番組を制作するには力不足であったため、フジテレビ報道局の力を借りて番組を制作することになったのだ。実際の制作スタッフには、大手制作会社が入り、プロデューサー、ディレクター、アシスタント・ディレクターはそこから派遣されてきた。

緊急で招集されたスタッフ陣のほとんどは、報道番組を作った経験に乏しかった。リサーチから資料作り、台本制作、慣れないスタッフとどう番組を作るか、戦場のような毎日が始まった。

私は早速、ペアを組んだPD（最初に組んだディレクターはフジテレビ社員だった）と、番組の趣旨を説明し、出演をお願いするため、企業回りを始めた。これまで取材してきた旧知の企業広報を回り始めたが、すぐに私は出演交渉で壁にぶち当たる。なにしろ、まだ始まってもいないBSの番組だ。しかも、二時間生放送である。その番組に企業のトップを出演させてくれ、と話しにいくわけだから、みな面食らうのもむべなるかな、である。

ほとんどの広報部が、一様に「安倍さん、本気で（そんな番組に）うちのトップを出そうとお考えですか？」と苦笑交じりで取り合ってくれない。体《てい》よく断られた帰り道、高層ビルを仰ぎ見ながら後輩PDと何度ため息をついただろうか。ある大手商社の広報部を訪ね、社長の出演を断られてビルの外に出た時、ふと後輩が漏らした言葉が忘れられない。

「大企業の広報っていうのは本当にすごいですね。なぜ社長を番組に出さないかという理由を、一〇〇ぐらいとうとうと話すんですから」

しかしそんなことに〝感心〟していられない。番組開始日はどんどん迫ってくる。なにしろこの番組は毎日ゲストを仕込まねばならない。これが今後ずっと続くのだと思うと、背筋が寒くなってきた。自分の担当日は週に一日だが、そうはいっても、毎週必ず〝大物ゲスト〟を呼ばねばならない。そのプレッシャーはその後四年間続くことになる。会社のトップも、報道局の人間も、なにより視聴者が「ああ、この人なら是非話を聞いてみたい」と思えるような人物を仕込まないと……そんな強迫観念にとりつかれていた。しかし、そんなゲストがそもそもそう簡単に見つかるわけもなかったのだ。

私と担当PDはとにかく思いつくまま、手当たり次第に出演依頼に出かけた。断られるたびに、昭和五十四年、第二次オイルショック直後で、二〇社近く回って落ちまくった自分の就活を思い出した。あの時も丸の内のビル街で絶望的な気持ちで足を引きずっていた。それと同じ苦い気持ちになったのは事実だ。その時、固く心に誓った。「いつかこの番組を、〝是非うちの社長を出させてください！〟と広報に言われるような番組にしよう！」と。そうこうしているうちに、〝拾う神〟も現れた。

森ビルの森稔《みのる》社長（当時）、クオンタムリープのファウンダー&ＣＥＯ（当時）の出井《いでい》伸之社長、三菱地所の木村惠司社長（当時）、住友商事の岡素之《もとゆき》会長（当時）など、そうそうたるメンバーが出演を快諾してくれた時には、本当に嬉しかった。実際、この経営者の方々は、広報部の心配をよそに、とうとうと自説を述べ、提言をし、そして満足げに番組を終えてくれた。曰《いわ》く、「二時間、あっという間だったね」。そう、実はそれが番組のコンセプトでもあった。

普段、地上波のニュースや新聞のインタビューなどでは、自分の言いたいことの一〇分の一も伝えられない、と考えている経営者は予想以上に多いものだ。彼らがのびのびと、自らの考えを開陳する場というのは、実はテレビにはそれまでなかったのだ。とはいえ、どの企業のトップも進んで出てくれるわけではない。広報段階でシャットアウトという企業もまだまだ多いし、トップ自身がテレビで喋るのが嫌いという人もかなりいる。その後もキャスティングには悩まされ続けることになる。

その後、私は二〇〇九年の四月から二〇一三年の三月まで四年間、およそ二〇〇本の番組を制作した。それらの番組のキャスティングはほとんど自分が考え、自分が交渉して出てもらった人たちである。自分が曜日の編集長だったからできたことであり、そうでなければ、人が決めたゲストの回に、ただのコメンテーターとして出演することになっていただろう。しかし、私は自分が決めたテーマで、自分が探してきたゲストをスタジオに呼ぶことにこだわった。自らが編集長として番組を作るからこそ、コメントにも魂が籠もると信じていた。

当時の解説委員の番組上の呼称は、〝解説キャスター〟。キャスターは男性と女性、二人いるのだから、よく分からないネーミングではあるが、曜日ごとに編集長が違うので、キャスティングもバラエティに富み、それはそれで番組の個性を確立するのに貢献したと思う。また、進行はキャスターが行うものではあるが、なにしろ二時間の長丁場であり、議論が煮詰まった時、もしくはテーマから議論がずれた時に、編集長兼コメンテーターである解説委員が、議論を元のベクトルに戻すといった役割も果たしていた。

試行錯誤を経て、接触率（地上波放送の視聴率にあたるもの）はじわじわ増え、ＢＳの番組としては考えられない数字もたびたび記録。一部上場会社が番組スポンサーになりたいと申し入れてくることもあった。そうして、『ＢＳフジＬＩＶＥ　プライムニュース』は、押しも押されもせぬ報道番組となった。エンタメ化したニュースに対するアンチテーゼとして始まったこの番組は、その役割を立派に果たしたといえるだろう。
しかし、その結果、他のＢＳ局もこぞって同様な番組を作らざるを得なくなった。ＢＳフジに遅れて、次々と帯の報道番組が立ち上がった。具体的には以下の通り。

ＢＳ11
『本格報道 INsideOUT』毎週月～金曜　二十一時～二十一時五十四分
ＢＳジャパン
『ＢＳニュース　日経プラス10』毎週月～金曜　二十二時～二十二時五十四分
ＢＳ日テレ
『深層ＮＥＷＳ』毎週月～金曜　二十二時～二十三時
ＢＳＴＢＳ
『週刊ＢＳ－ＴＢＳ報道部』毎週日曜　二十一時～二十二時五十四分
ＢＳ朝日
『いま日本は』毎週土曜　十八時五十四分～二十時五十四分
『いま世界は』毎週日曜　十八時五十四分～二十時五十四分

ＢＳフジに五局が追随した格好だ。しかし、毎日、ウィークデーの帯の放送となると、『プライムニュース』が番組スタート時に苦労したように、キャスティングが大変だ。しかも各ＢＳ局が同じような番組を制作し始めると、ゲストの取り合いも起きよう。

怖いのは、ＢＳが地上波と同じく、〝視聴率〟の陥穽《かんせい》に嵌《はま》ることだ。ＢＳは市場規模が大きくないので〝視聴率〟は採用してこなかった。代わりに聞き取り調査の〝接触率〟というものを月に一回調査してきたわけだが、近い将来、〝視聴率〟が導入されるという。となると、とたんに（視聴率の）数字を気にするようになるのが、テレビ屋の習性なのだ。数字を気にするようになると何が起きるかというと、

- 数字を持っている人
- 政治家

に対する出演要請が増える。

〝数字を持っている人〟というのは、その人を出すと〝視聴率〟が必ず上がる人のことを

いう。著名である、外見がいい、発言が明快で切れ味がある、特定のファン層がいる、話題性があるなどの理由から、多くの人が画面で見たがる人だ。テレビ局はこうした〝数字を持っている人〟を出演させる。その人の発言の中身ありきではない。〝数字〟ありきなのだ。明らかに数字が下がると思われる人をテレビ局は出したがらない。視聴率至上主義が貫かれているから、そうなるのも無理からぬことだ。

もう一つは政治家だ。全国に放送している衛星放送のＢＳに出演することは自らの顔を売ることになるので、基本的に政治家は、よほどのことがない限り出演依頼を断らない。いくらお願いしても出てくれないゲストより、電話やファックス一本で出てくれる政治家のほうが出演交渉は楽に決まっている。いきおい、政治家の出演が多くなる。相身互い、というやつだ。

というわけで、〝視聴率〟を気にしだすと、〝著名で〟、そこそこ〝話がうまく〟、〝見てくれもいい〟人か、政治家ばかりになってしまう。それでは番組が画一的になるし、他局の番組と差別化ができなくなってしまう。

そうならないためには、あくまで番組のテーマが重要だ。初めにゲストありきではなく、テーマから入っていくことが、ＢＳ報道番組に改めて求められている。視聴者が本当に知りたいことを番組で取り上げるなら、ゲストのネームバリューだけに頼らない番組作りが、今まで以上に求められることになろう。

さて、本格的報道番組がＢＳで花開いたことはよいことだとは思うが、地上波と比べると視聴している人の数は一〇分の一以下にすぎない。テレ朝系列の『報道ステーション』をおよそ一〇〇〇万人以上の人が視聴しているのに比べ、『ＢＳフジＬＩＶＥ　プライムニュース』だと一〇〇万人程度であろう。また、視聴している層にも偏りがある。ＢＳの報道番組の場合、明らかにＭ３層が視聴している。より若い層に、そして、女性にこうした番組を見てもらえるようにするのが次の課題だ。

また、ネットを活用していないところも気になる。ツイッターの番組公式アカウントで番組内容を告知するだけでなく、積極的に広報するなり、質問を受け付けたりするのはもはや普通だ。フェイスブックページでファンを増やすといったことも、地上波に比べたら遅れている。これはひとえに、ＢＳ局は地上波と比べ、予算も人も少ないからだ。今後はこうしたネット戦略にも力を入れていかないと、他のＢＳ報道番組と競争できなくなるだろう。

そしてテレビ局には、地上波のニュースを今後どうするかという、より大きな課題が残っている。これまでと同じエンタメ路線を続けるのか、それともニュースの比率を増やし、視聴者に分かりやすい報道を目指すのか。この課題はまだ手つかずのように見える。フジテレビが、夕方のニュースでエンタメ路線からハードな報道路線に舵を切ろうとして、一気に視聴率を下げたのは象徴的だ。視聴者が堅いニュースを望んでいないからなのか、番組の作り方がまずかったのか。今後分析が必要だろうが、いずれにしても今のままでいいとは思わない。今後各局がどのようなニュース番組を制作するのか、大いに注目している。

第五章

テレビニュースの未来と
これからのメディアのあり方

今、メディアを取り巻く環境変化はさらに加速している。特にアメリカの変化はとてつもなく速い。本書はテレビニュースの未来について考察するものだが、アメリカの活字メディアの変化を見ることは、今後のテレビニュースのあり方を考える時、非常に多くの示唆を与える。

動画メディアの台頭

今、バイラル・メディア（Viral Media）が全盛である。「バイラル（viral）」とは、もともと「ウイルス性の」という意味で、転じてウイルス感染のように口コミで爆発的に情報が広がっていくことを「バイラル効果」と呼び、この効果を利用して低コストかつ効果的な宣伝や顧客獲得に結びつけるマーケティング手法を、「バイラル・マーケティング」という。バイラル・メディアの最大の特徴は、フェイスブックやツイッター、はてなブックマークなどのSNSを利用して爆発的に拡散していくことだろう。

このバイラル・メディア、米国を中心に急成長を遂げた。そのブームは日本にも上陸し、ここ数カ月で雨後の筍《たけのこ》のように、バイラル・メディアが誕生している。

米国で代表的なバイラル・メディアといえば「Upworthy（アップワーシー）」だ。二〇一二年三月にサービスを開始し、約九〇〇〇万人もの月間ユーザー数を獲得するという驚異的な成長を遂げた。他に月間訪問者数が一億三〇〇〇万人を突破した「BuzzFeed（バズフィード）」をはじめ、「Distractify（ディストラクティファイ）」や「Know More（ノーモア）」「ViralNova（バイラルノバ）」など数多くのサイトが登場している。バイラル・メディアが従来のニュース・サイトと異なる点は、

- 文字ではなく、画像・動画を前面に出していること。
- バズらせる（拡散させる）ためだけに工夫されたタイトルや記事作り。
- SNSにシェア（共有）されるために最適化されたインターフェース。

などである。

なかには、政治・経済ニュースに特化した、「Independent Journal Review（インディペンデント・ジャーナル・レビュー）」というメディアも誕生し、ますます競争が激化してい

る。こうしたアメリカのバイラル・メディアを見ると、グラフィックに注力しているのが分かる。大きな写真、見やすい図表、短い記事……従来の新聞やテレビのサイトと違い、感覚的に、〝思わず〟クリックしたくなる工夫が満載だ。まさしく、ユーザーがバズることが前提でサイトが設計されている。

一方、日本ではこの分野は数年遅れている。ようやく、次ページの表1のようなバイラル・メディアが立ち上がってきた。

こうしている間にも次から次へと新・日本版バイラル・メディアが増殖している。ただ、日本版バイラル・メディアの特徴は、記事をほとんど載せていないことと、動画が中心なことだ。どれも、ジャンルがあってないようなもので、人を感動させるような動画を配信するもの、面白系のものなど、若干のカラーの違いはあれど、大方似たり寄ったりで差別化できておらず、私は日本のバイラル・メディアの将来については悲観的だ。

そもそも人の作った動画（特に海外のもの）をピックアップしているだけなので、簡単にローンチ（サービス開始）できる。いきおい、雨後の筍の如《ごと》く、次から次へと似たようなサイトが立ち上がることになる。人を感動させる動画、思いっきり笑える（泣ける）動

表1　日本の代表的なバイラル・メディア

メディアの名前	アドレス
dropout	http://dout.jp/
grape	http://grapee.jp/
Whats（ワッツ）	http://whats.be/
ViRATES（バイレーツ）	http://virates.com/
Bizcast（ビズキャスト）	http://bizcast.bz/
netgeek	http://netgeek.biz/
自由研究.ねっと	http://10ken9.net/
BuZZNews（バズニュース）	http://buzznews.asia/
feely（フィーリー）	http://feely.jp/
@attrip（アットトリップ）	http://attrip.jp/
MixChannel（ミックスチャンネル）	http://mixch.tv/
旅ラボ	http://tabi-labo.com/
いまどうが	http://imadouga.jp/
ジャパラマガジン	http://japa.la/
グッドゥ	http://gooddo.jp/
ソーシャルトレンドニュース	http://social-trend.jp/
Amp.	http://a-mp.jp/
ログミー	http://logmi.jp/
ダンスストリーム	http://dance-stream.com/
CuRAZY	http://curazy.com/
CRYFUL（クライフル）	http://cryful.com/
Spotlight（スポットライト）	http://spotlight-media.jp/
Pouch（ポーチ）	http://youpouch.com/
Vingow（ビンゴー）	https://vingow.com/

画など、そうそう転がっているものでもなく、結局昔の動画を引っ張ってきたりして、独自性がアピールしにくくなってしまった。

最近では一般読者の投稿をメインにしたものも現れたが、これらはYouTuber（ユーチューバー）や生主（なまぬし）(注6)と呼ばれるセミプロ級の人たちが作る動画とは比べ物にならないくらいクオリティが低い。したがって、初回は面白がられて見られたとしても、二回目はない。どんなバイラル・メディアにせよ、結局、つぶし合いになるのは火を見るよりも明らかだ。

それに著作権の問題もグレーだ。人が制作した動画を利用して自分のサイトのPV(注7)を稼ごうというビジネスモデルなわけで、法的にはグレーだろう。もしオリジナルの動画や記事の制作者が著作権を盾に訴訟を起こしたら、どうなるだろうか？　早晩、こうした安易に作られた国内のバイラル・メディアは淘汰《とうた》されるだろう。

「これからは動画だ」という人は多い。動画を否定するものではないが、日本では、アメリカのバイラル・メディアのようなものは、まだ生まれないのではないか。記事中心のメディアと動画中心のメディアは、日本ではまだ別物だ。「さあ、記事を読もう」という気分と、「動画を見よう」という気分は自《おの》ずと違うと思う。そこを押さえておかないと、いくら記事中心のサイトに動画を埋め込んでも誰も見ない、という残念なことになりかねない。これは私の立ち上げたウェブ・メディア、Japan In-Depth（ＪＩＤ、ジャパン・インデプス）で実証済みである。

私たちは、ＪＩＤのサービス開始直後に実際に動画を配信してみた。一つは日仏英三カ国語を話すフランス人と私の対談で、外国人から見た日本人の考え方とフランス人の考え方とのずれをコメディタッチで指摘するもの。もう一つは、若手女性書家が〝書〟を書く

（注6）YouTuber や生主
アメリカの YouTuber で人気なのは、コメディアンである。YouTuber Top 10s によると、PewDiePie が一番人気だ。http://www.youtube.com/user/PewDiePie
ＹｏｕＴｕｂｅをきっかけに有名になった人物には、カナダ出身のスーパーアイドル歌手、ジャスティン・ビーバー（Justin Drew Bieber）などがいる。
動画投稿者を「うp主（うぷぬし）」、スレッドを立てた人を「スレ主」というように、ニコ生（ニコニコ生放送）で放送する人を「生主」「生放送主」と呼ぶ。有名な生主の例を一人挙げよう。ネットさえ知らなかった元フリーター「恭ちゃん」こと恭一郎氏。ほとんどいつも上半身裸のまま部屋で過ごす強烈なオタクだが、歌がうまく、サントリーのウェブＣＭに出演したことで話題となる。

（注7）ＰＶ（Page View：ページ・ビュー）
ウェブサイト、又はウェブサイト内の特定のページが閲覧された回数。アクセス数。

ところを撮影し、その漢字についてコメントをもらう、という動画だった。どちらも、三、四分の動画を四回に分けて配信してみた。

しかし、どれも八〇〜一〇〇PVぐらいしか再生されない。これでは、ほとんど誤差の範囲だ。その後、もう一回、今度は相当知名度のある文化人との対談を試したが、結果はまったく同様だった。知名度があろうとなかろうと、中身が面白かろうが面白くなかろうが、JID上の動画は視聴されない、ということが分かったので現在は動画配信は中止している。

どうやらコンテンツの問題でもないようだ。記事が主体のメディアの中の動画は、現時点で基本、視聴されない。その理由として考えられるのは、

① 音声が出るので、通勤途中や社内で見るのがはばかられる。
② 映像のダウンロードに時間がかかるので、時間に余裕がないと、そもそも見る気が起きない。

ということなのだろう。

確かに、映像を見ようという気になるのは、寝る前などの暇な時間が多いのは事実だ。となれば話は簡単だ。動画は撮影したり、編集したりする手間暇がものすごくかかり、時間もコストも馬鹿にならない。多くの活字メディアが動画配信に注力しているが、無駄に力を使っているようなものだ。日本では、活字と動画、それぞれ情報を「取りに行く」場が違うのだと思う。

ただ、今後日本でも、アメリカ式のバイラル・メディアが立ち上がる可能性はなくはない。しかし、実際にそのようなメディアを立ち上げるには、かなりの額の初期投資が必要だろう。また、ランニングコストも馬鹿にならないはずだ。

成長の可能性がある未上場企業に投資を行うベンチャー・キャピタルや、創業したばかりの企業に投資する、いわゆるエンジェル投資家らが多くない日本では、質の高い記事と写真・動画を両立させた、新しいメディアを立ち上げるのは、なかなか容易ではない気がする。

日本とアメリカのジャーナリズムの違い

■米スター・ジャーナリストの独立

アメリカでは、著名な新聞記者などがフリーになって立ち上げた独立系ウェブ・メディアが隆盛だ。

二〇一〇年九月、ニューズウィークのベテラン記者ハワード・ファインマン氏がハフィントン・ポストという新興のウェブ・メディアに移籍したのを皮切りに、二〇一三年夏、ニューヨーク・タイムズの人気政治ブロガー、ネイト・シルバー氏がスポーツ専門チャンネルＥＳＰＮに移籍し、二〇一四年三月に、データ・ジャーナリズム（一四〇ページで後述）に特化したウェブ・メディア「FiveThirtyEight（ファイブサーティーエイト）」を立ち上げ、従来の新聞紙面では到底できない挑戦を行っている。

例えば、二〇一四年六月二十五日付の記事では、２０１４ＦＩＦＡワールド・カップ（ブラジル大会）にちなんで、「ファイブサーティーエイト　インターナショナル・フード・アソシエーションズ　２０１４　ワールド・カップ」と称して、サッカーのワールド・カップ出場国の各国料理対決を行った。グループの参加国もサッカーと同じにし、一三七三人のアメリカ人にアンケート調査を実施。各国料理を五段階評価してもらい、各グループの勝敗を掲載した。データ・ジャーナリズムを政治や経済など堅いテーマだけでなく、ライフスタイルなどにも応用し、読者の知りたいことならなんでも取り上げ、大真面目に、かつ徹底的に分析し、記事化する。しかも、視覚に訴えるインフォグラフィックスの手法はもちろん最大限に利用している。

もしくは、これまた真剣にアメリカで一番おいしい〝Burrito（ブリート：小麦粉を原料としたトルティーヤという薄い生地に野菜や豆、肉などの具材をのせて巻いたアメリカ風メキシコ料理）〟を探すコラムもある。もちろん、各レストランのブリートの味を数値化している。従来の紙のメディアでは不可能だった、担当記者の動画もある。

記事やデータ・ジャーナリズムの本領を発揮したカラフルな写真や図表だけでなく、映像・音声も同時に楽しむことができるように工夫が凝らされている点は、ウェブ・メディアならではだ。

また、二〇一三年末、ウォール・ストリート・ジャーナルでシリコンバレー取材を担当していたジェシカ・レッシン氏が独立し「The Information（ジ・インフォメーション）」というウェブ・メディアを、年間購読料を取る有料サイトとしてスタートさせた。

その他、二〇一四年一月、ウォール・ストリート・ジャーナルの人気ITサイト、「オールシングズD（現WSJD）」を運営していたウォルト・モスバーグ氏とカーラ・スウィッシャー氏は、新しいITサイト「re/code（リ・コード）」を立ち上げている。

また、二〇一四年三月、ワシントン・ポストの人気コラムニスト、エズラ・クライン氏が「vox（ヴォックス）」という新しいサイトを立ち上げた。「ニュースを理解する（Understand the News）」をキャッチコピーに据える、ニュース解説メディアという位置づけだ。政治や公共政策、世界情勢、カルチャーなど幅広い分野をカバーしている。

元ニューヨーク・タイムズ編集主幹でピュリッツァー賞も受賞しているビル・ケラー氏は「The Marshall Project（ザ・マーシャル・プロジェクト）」というNPOメディアに参画し、司法関係のニュースを扱うとしている。オープンは二〇一四年中頃を予定している。このように最近では扱う分野を特化したニュース・サイトも立ち上がり始めている。

こうしたニューメディアを立ち上げている彼らは、もともと既存メディアで書く記事に定評のあった記者たちであり、彼らのブログは、数多くの読者の支持を受けていた。自分のメディアを新しく立ち上げても読者はついてくるし、アメリカには有料コンテンツにお金を払うという土壌があるので、独立してもやっていけるのだ。それにしても、次から次と独立系メディアが立ち上がるこのアメリカ・ジャーナリズム界のダイナミズムには驚くばかりだ。

一方、日本ではどうかというと、フジテレビを辞めて私が立ち上げた「Japan In-Depth（ジャパン・インデプス）」以外ほとんどニューメディアが立ち上がった話を聞かない。あるとしても「THE PAGE（ザ・ページ）」「THE NEW CLASSIC（ニュークラシック）」「Credo（クレド）」など独立系のメディアが数社あるだけだ。

なぜ日本では大手メディアから飛び出してニューメディアを立ち上げる記者がいないのか？　それは、日本の大手メディアが自前の記者を高給で囲い込んでいるためだ。安定した地位を捨ててまで独立して自分のメディアを作ろう、という人が出にくい環境にある。他のメディアへの転職すら珍しい状況だ。自分の腕に自信があり、独立すれば、大きな資本が集まってそれなりの報酬が期待できるアメリカとはかなり事情が違う。

また、日本では、ネット上の情報はタダだという認識が強い。記事にお金を払う、というインセンティブがユーザーに働かない。そこに新興ウェブ・メディアの苦悩がある。既存メディアと一線を画す記事を書くにはそもそも優秀な記者がいなければならない。その人件費、取材費、取材先への謝礼、寄稿者への原稿料、サイトの維持・運営費などなど、ウェブ・メディアを運営するにはしかるべきコストがかかる。それらを支える資金がなければニュースを送り続けることはできない。

■アメリカで長文ジャーナリズムが復権

アメリカでは長文ジャーナリズムを標榜《ひょうぼう》したメディアが注目を集めている。

① Narratively
② Atavist
③ Byliner
④ Longform
⑤ Longreads

こうした長文ウェブ・メディアはクラウド・ファンディング（ある目的や志をもつ人、組織が、インターネットを通じて不特定多数の人から幅広く資金を集めること）や出資を受け、資金を集めているようだ。

バイラル・メディアなど消費の早いコンテンツとは一線を画して、読み物として、読者に長く支持されることを目指している。基本、課金制であり、年間三〇ドルくらいが多いようだ。読者の数にもよるが、三〇ドル×一〇万人としても三〇〇万ドル／年だから、大した収入にはならない。

優れた長文記事を書くライターを一人雇うのに、いったいいくらかかるか。日本なら最低でも五〇〇万円／年はかかるだろう。一〇人雇うと五〇〇〇万円／年。取材費などを含めたら、何億円かかるか分からない。

じっくり記事を読みたい層にはいいが、果たしてマネタイズ（収益につなげる）できるのか、苦戦が予想される。日本でアメリカ式のバイラル・メディアが立ち上がるには、やはりまだ環境が整っていないようだ。

データ・ジャーナリズム

データ・ジャーナリズムとは、ソーシャルメディアの書き込みや、政府などが所有する莫大な量の統計資料を分析し、それらを分かりやすく可視化していくという報道手法である。オープンデータや、ビッグデータの処理・分析の進化がそれを可能にした。欧米メディアによる取り組みが進み、従来の調査報道のあり方に大きな変革をもたらしており、ニューヨーク・タイムズや英有力紙ガーディアンのような有名メディアだけでなく、独立系メディアにも広がっている。

世界中のメディアの編集者ネットワーク「Global Editors Network（GEN）」が主催し、グーグル、Knight Foundation（ナイト財団）といった一流企業や財団がスポンサーのData Journalism Awards（データ・ジャーナリズム賞）には、メディアをはじめ、NPOや個人でデータ・ジャーナリズムに取り組む人々が数多く参加している。

二〇一四年に入賞したのは八社。例えば、ニューヨーク・タイムズの〝Reshaping New York（変わりゆくニューヨーク）〟は、この十二年の間にいかに街が変貌したか、立体地図と写真でビジュアル的に見せたことが評価された。大手メディア以外にも調査報道ＮＰＯ〝ProPublica（プロパブリカ）〟がこの分野で存在感を示している。

入賞した八社に共通しているのは、Infographics（インフォグラフィックス）といって、データや知識を、図や表を用いて視覚的に分かりやすくしているところだ。こうしたデータ・ジャーナリズムの動きは欧米を中心に加速しているが、背景には蓄積されたデータを販売して収益に貢献させようというメディア側の思惑もある。今後、テクノロジーの進化に伴い、より精緻で、より視覚に訴える表現が誕生するだろう。

また、ジャーナリスト側からも自らデータ・ジャーナリズムを学ぼうとの動きが始まっている。一般社団法人日本ジャーナリスト教育センター（Japan Center of Education for Journalist：ＪＣＥＪ）の活動がそれだ。大手マスメディアの記者だけではなく、ＮＰＯや企業の広報、ＰＲ関係者など、組織や媒体の枠を超えて、「伝えるスキル」を鍛える場を提供している。

そのＪＣＥＪは「データジャーナリズム・キャンプ＆アワード２０１３　Journalism Hacks!」という、データ・ジャーナリズムのコンペを開催した。二〇一三年に最優秀賞に選ばれたのはＧｇという制作チームによる『「失われた20年」は本当なのか。何が失われたのか?』。この作品は、「失われた二十年」と呼ばれる一九九〇年以降について、データと個人の価値観を照らし合わせて、その人自身にとってこの二十年が、実際に失われたのか、そうでないのかを明らかにする試みだった。

こうした民間の動きに対し、既存メディアである新聞・テレビの動きが鈍いのは残念なことだ。数少ない例を挙げると、毎日新聞が、ネット選挙運動が解禁となった二〇一三年の参議院議員選挙期間中に、立命館大学の西田亮介・特別招聘准教授との共同研究プロジェクトとして、政党・政治家や有権者のツイッターの呟きを分析したプロジェクトが記憶に新しい。

また、朝日新聞社は二〇一四年三月一日、二日に、テクノロジーを使ってデータを分析し、視覚的にも分かりやすい報道につなげる「データジャーナリズム・ハッカソン(注8)」を開催した。国内大手メディアとしては初。朝日新聞記者一二人をはじめ、社外のエンジニアやデザイナー、編集者ら七〇人以上が参加した。

二〇一四年四月七日には、データを活用して分かりやすい表現で報道することに取り組む「デジタルジャーナリズム」と、その最新事例を紹介する特設ページを、朝日新聞デジタル「未来メディアプロジェクト」内で公開した。未来メディアプロジェクトとは、最新のITテクノロジーを取り入れながら、新たなメディアのあり方を探るというもので、MITメディアラボと組んだ意欲的な取り組みだ。

その成果としての、浅田真央選手の特集記事「ラスト・ダンス」（http://www.asahi.com/olympics/sochi2014/lastdance/）や、福島第一原子力発電所の元所長である吉田昌郎氏（故人）の「吉田調書」などは、ウェブで記事を見ることを前提にしたものだった。他の新聞に比べると一歩も二歩も先んじている印象を受けるが、朝日新聞幹部に聞くと「まったく利益が出ない」と嘆いていた。しかし、いきなり利益は生まないだろう。とにかく走りながら考えているという点においては、朝日新聞にも起業家精神があるということなのだろう。

（注8）ハッカソン
Hackathonは「hack」と「marathon」を組み合わせた造語で、プログラマーらが技術とアイデアを競い合う開発イベントのこと。

ニュースまとめアプリ（キュレーション・アプリ）真っ盛り

最近、日本ではスマホの〝ニュースまとめアプリ〟がちょっとしたブームだ。なんでも横文字にすればいいというものでもないが、〝キュレーション・アプリ〟というそうだ。要はさまざまな媒体のニュースをジャンルごとにまとめて、スマホのアプリで提供するサービスだ。このようなサービスの出現には、通勤時間が長い日本社会の特殊性も関係しているかもしれない。読者の興味に沿って、最適なニュース配信を謳《うた》うアプリもある。

ざっと調べると、二〇一四年六月二十四日現在、

① Gunosy（グノシー）
② SmartNews（スマートニュース）
③ Antenna（アンテナ）
④ NewsPicks（ニューズピックス）
⑤ Flipboard（フリップボード）

⑥　Vingow（ビンゴー）

などがある。

①　Gunosy（グノシー）

朝・夕ニュースが配信される。幅広い分野のトピックをまとめて読むことができる。また、独自のアルゴリズムで、読者の興味に合った話題が届けられるのが特徴。

このグノシーにはＫＤＤＩが推定一二億円出資したという。山手線内に貼られた大量のグノシーの広告やテレビＣＭを覚えている人も多いだろう。一気にマスにリーチできる（届く）テレビＣＭはユーザー増加に寄与したという。しかし、送られてくるニュースの中身が問題なのだ。いくらその人の興味に沿ったキュレーションがなされていようが、読まれなければ意味がない。

②　SmartNews（スマートニュース）

ツイッターを基準に、日本中でツイートされている数百万件ものウェブページを独自の技術でリアルタイム解析している。ＳＮＳとの連携が強いことも特徴的で、お気に入りの記事はツイッター、フェイスブック、Evernote、Pocket、ＬＩＮＥに投稿が可能。さらにダウンロード済みの記事を閲覧できる「Smart モード」を搭載しているので、圏外でもサクサクニュースを読むことができる。

③ Antenna（アンテナ）

二三〇以上のメディアから集められた、さまざまなジャンルの情報が収集できる。また、アプリ内で商品の購入もできることが特徴。

④ NewsPicks（ニューズピックス）

経済情報に特化。各業界の専門家や友人をフォローすることで、彼らがオススメ（ピック）する記事がカスタマイズされ、自分独自の紙面を作ることができる。

⑤ Flipboard（フリップボード）

世界のニュースを雑誌のようなレイアウトで見せる。興味のある情報を収集したり、世界で起こっている素晴らしい出来事を発見したり、友人とコミュニケーションを取ったりすることも可能。

⑥ Vingow（ビンゴー）

日本初の「自動要約」搭載を売りにしていて、難解な内容のニュースでも要約して配信する。

そうこうしているうちに、「東洋経済オンライン」の佐々木紀彦編集長が、ニューズピックスに移籍することが発表された。佐々木氏もこれからはキュレーション・アプリの時代だと考えたのだろうか。

しかし、そうしたキュレーション・アプリがこれまた乱立してくると、足の引っ張り合いになって、結局共倒れしないか心配になる。案外、コンパクトな芸能情報などをメインコンテンツにした「LINE NEWS」は、その思い切りのよさで、大衆に支持されるのではないか。結構、憎いタイミングで配信されてくるのだ。ネット、特にスマホで読むようなニュースは、社会、芸能、スポーツネタが、〝受ける〟コンテンツだと思うが、いったんどれかのアプリを開いたら、わざわざ他のアプリを見に行くだろうか？　だからこそ、DAU（Daily Active Users）率、つまり、一日に一回以上そのアプリを利用した率が大事なのだ。各アプリが、サイトの操作性、見やすさを競うのも結構だが、ニュースを制作するメディアがなくなれば、キュレーション・アプリも意味がない。

JIDを立ち上げて分かったこと

なぜ、フジテレビを辞めて、ウェブ・メディアを立ち上げようと思ったのか。答えは単純だ。時代に即した、新しいメディアを作りたかったからに他ならない。長年テレビ報道に携わり、多くの視聴者にニュースを届けてきた自負はあったが、近年、ニュースの解説をしていて、本当にそれが視聴者に届いているのか？と疑問に思うようになってきた。

テレビは、どうしてもテンポを重視するため、コメントは長くても数十秒以内に収めなくてはならない。自分でも三十秒以上話していると、ちょっと長いかな、と思ってしまう。そうしたせわしなさのせいで、視聴者に伝わらないのだろうかと考えたこともあったが、どうやらテレビの特性が原因なのではないかと考えるようになってきた。

テレビというメディアは、基本的に一度電源を入れれば勝手に情報を流してくれる。見ようと見まいと、映像と音声は垂れ流しだ。つまり、〝プッシュ型〟のメディアといえる。一方でウェブ・メディアは、見たい人がそのメディアを直接訪れ、情報を得る〝プル型〟のメディアだ。そのメディアの提供する記事なり動画なりに、前もって興味を持ってサイトを訪れる人のみ見ることができる。ということは、記事を読む読者の姿勢も、受け身の時とは違うのではないだろうか。ただ、なんとなく目や耳に入ってくる情報は、もともと、右から左へと抜けていく性質を持っているといえないか。

そういえば、レンタルＤＶＤで見た映画より、映画館で見た映画のほうが、ストーリーを覚えている気がする。それはやはり、映画館という〝箱〟に足を運び、映像に集中できる環境で鑑賞するからであって、おしゃべりや料理や電話やＳＮＳなどをやりながら、なんとなく自宅のテレビで見るのとでは明らかに集中の度合いが違う。タイトルを見てからその記事を読もうと思う時点で、すでに読者は自ら〝興味の対象〟として記事をとらえており、その上で、自分の理解や考えと照らし合わせながら読むことになる。記事の中に、予想しなかった〝気付き〟があれば、それはしっかりと読者の胸に刻み込まれることになる。それがまさにＪＩＤの狙いだった。

さまざまな意見が読める「場」の提供は、字数の制限がないインターネットだからできる。思考停止状態からの脱却と行動へ。「考え、そして行動する。社会の変革のために」。そうしたメディアを考えた時、それはテレビではなく、インターネットではないか、と思ったのだ。

なぜか——。

そう思ったいくつかのエピソードを紹介しよう。

番組を制作するために、テレビ局では編集会議を開く。どのようなテーマで、誰をゲストに呼ぶかは、番組の命である。私の制作していた報道番組『BSフジLIVE　プライムニュース』の主な視聴者層は、M3、F3と呼ばれる年代の人たちだった。しかもその層は購買力もあるため、スポンサーにとっても重要な顧客だ。それを意識しだすと、どうしてもテーマもキャスティングも五十歳以上の視聴者を念頭に決められることになる。

ある時私は、〝子宮頸がん予防〟をテーマとして取り上げたい、と思った。それは、二〇〇九年の十二月のこと。子宮頸がんのワクチンの認可が日本で下り、発売が決まったのだ。そこで、子宮頸がんになるメカニズムと、ワクチンの効用、そして公費補助の必要性を討論する回を企画した。ワクチン接種を含む子宮頸がん予防の啓発は、まだ子供がいないか、いても小さい四十代以下の層にこそ、行うべきだろう。二十代の男女にも知ってもらいたかった。それで、そうした若い層を対象にこの回を作ったのだ。まだ番組がスタートして八カ月、視聴者を絞り切れていなかったからこそ制作できた回だった。しかし、その後、番組の視聴者層が五十代以上であると分かってくると、必然的に若い層を想定した番組は作りにくくなっていった。今のままでは自分の作りたい番組は作れないな、と次第に感じるようになった。

「被災地のニュースを取り上げると数字（視聴率）が下がるんだよ」

他のテレビ局の報道マンの言葉である。この言葉がすべてを物語っている。各民放テレビ局のニュースネットワークはキー局と各県の系列局（地方局、ローカル局ともいう）からなる。東日本大震災の被災県から遠い、西に位置する県のテレビ局にとっては、被災地のニュースはどうしても遠いところの出来事であり、次第に関心が薄れていく中で、視聴率を取れるコンテンツではなくなってきた、ということなのだろう。しかし、だからといって、被災地の復旧・復興の現状を追わなくていいのか、との疑問が常にあった。

原発の問題もそうだ。福島第一原子力発電所の現状がどうなっているのか、今何が問題で、どうしたらその問題は解決するのか、テレビはめったに取り上げなくなった。これも背景には、〝視聴率を取らない番組は作れない〟という民放テレビの宿命がある。報道しなければならないものが報道できない体質。視聴率の呪縛に囚《とら》われ、そこから抜け出せないのがテレビだといえよう。

ＪＩＤの立ち上げ当初は、とにかくどんなコンテンツが読者に支持されるのか予想がつかなかった。まずは、国内政治、経済、外交、社会の各分野で週に一回寄稿してくれる人を探したが、主だった人はすでにさまざまなメディアで連載を持っている。一個人が立ち上げた、わけの分からないウェブ・メディアに、タダで寄稿してくれる人なんて、そうそういない。しかし、十月一日の創刊まで三週間しかなかった。私は知り合いに片っ端から声をかけて回った。二十年来の知り合いだし、書いてくれるはずだと思って連絡してみると、けんもほろろ、ということもあった。

一方で、こんな大物ジャーナリストが書いてくれるわけないよな、と思いつつ、とりあえず話を持っていったら、二つ返事で書いてくれると約束してくれたこともあった。その人は、「ネットの可能性は僕もあると感じている。君がネットの世界に挑戦するのはいいことだと思うので応援させてもらうよ」と言って、連載の依頼をその場でＯＫしてくれた。この時は本当に嬉しかった。ＪＩＤはこれまで私が築き上げてきた人脈で成り立っている。新しいウェブ・メディアを立ち上げ、ニュースの深層を伝えたい、との志を同じくしている人が集まっている。

ＪＩＤは、創刊八カ月（二〇一四年五月末時点）で月間五八〇万ＰＶ（ページ・ビュー）を突破するまで成長した。読者にこれほど支持されている理由は以下の二つであろう。

①　記事が短い

他の多くのニュース・サイトは、数千文字の長い記事を数ページ（五から八ページ）に分割し、ページをめくってもらってＰＶを稼ぐという、〝あざとい〟作り方をしている。しかし私は、長い記事は最後まで読まれないケースが多いとみている。読者は、そうしたＰＶ数稼ぎの手法を見透かし、辟易《へきえき》しているのではないか。そこで、ＪＩＤでは、原稿の文字数を一〇〇〇〜一五〇〇字程度に抑えるよう、寄稿者に依頼している。一記事読むのに大体一分半程度だ。電車に乗っていても一駅間で二記事くらい読める。ネット上で読む記事の長さとしては、このぐらいがコンパクトでちょうどいい、と読者に評価されていると感じる。

②　すべてオリジナル記事

ＪＩＤは、寄稿者が他のサイトで書いた記事の転載を認めていない。すべての記事はオリジナルでお願いしている。他のニュース・サイトで、記事の転載を認めているところは結構ある。あるサイトでは、同じニュースについて書かれた複数の新聞記事を載せて手っ取り早くまとめたものを掲載している。記事数を増やして、ＰＶを稼ぎたいからだろうが、転載記事が増えてくると、オリジナル記事が埋没してしまう。そうなってくると、他のメディアの記事を提供する、Ｙａｈｏｏ！ニュースと違いがなくなってしまい、サイトの独自性が大きく毀損することになる。ＪＩＤが、あくまでオリジナル記事にこだわっているのはそうした理由からである。

実にシンプルな理由ではあるが、多くのメディアが見落としているところではないかと思う。結局、読者は質の高い分析や解説を求めているのであり、そうしたユーザーのニーズに応えるために必要なのは、

- どのニュースを取り上げるか。
- 誰に書いてもらうか。

に尽きると思う。

私は見せるためのテクノロジーを否定するものではないが、それ以前にまずメディアとしてやるべきことは、優れた書き手を見つけ、書いてもらうことだと考えている。

今後の課題――ビジネスとしていかに成り立たせるか

■一部のニュースにPVが偏るジレンマ

ネットはどの記事がよく読まれているか一目瞭然なのだが、やはり記事のニュース性・話題性が一番重要だと感じる。社会で今大きく取り上げられているニュースについての解説記事は、時として単独で数十万ＰＶを稼ぐこともある。ここ最近は、北朝鮮や韓国、中国などの記事が多くのＰＶを稼ぐ。その時々、どのような事件が起きているか、社会のトレンドや空気感に、読者の興味がある程度左右されるのは仕方がないが、それに記事が引っ張られることは問題だ。

一方で、タイムリーでない記事は驚くほど読まれない。これは正直想像を超えている。ブログ的なものに至ってはまったく読まれない。

そもそもＪＩＤは、既存メディアが伝えないようなニュースも積極的に取り上げ、その背景や深層を読者に届けよう、という志から生まれたメディアだ。だからこそ、東日本大震災の被災地へも足を運び、被災者の声を伝えようと被災地関連の記事を多く配信している。そうした記事は、多くのＰＶを稼がないかもしれない。

また、私は、女性がストレスなく働くことができる社会の実現が重要だと考えている。そのためには、結婚、出産、育児など、社会全体で支援していかねばならない。そういう見地から、ＪＩＤには女性の寄稿者も数多くいる。しかし、ＪＩＤの読者層に女性が少ないのか、こうした記事も多くの人に読まれているとはいいがたい。

では、北朝鮮や韓国、中国などの記事がよく読まれるからといって、そうした記事で紙面を埋め尽くしていいものだろうか？　答えは否である。時代によって社会の空気感は変わる。ＰＶを稼ぐから、というだけの理由で似たような記事を量産したところで、稼いだＰＶは一時的なものにすぎない。それよりも、なぜそうした記事が読まれるのか、冷静に分析し、場合によっては、時代の空気にあらがってでも、異なる立場の記事、多様な論評を掲載することが必要だろう。問題は、ＰＶとそのメディアの理想との狭間《はざま》でどこまで我慢できるか、ということだ。

■ビジネスモデルの問題

これが一番大きな課題であろう。多くのウェブ・メディアで〝迷い〟が散見される。特に、広告収入モデルに頼っているメディアは、ＰＶが多ければ多いほど媒体価値が上がり、広告収入が増えるため、〝ＰＶをどう増やすか〟が至上命題となっている。当然、記事の数を増やそうと躍起になるが、世の中に優れた書き手はそう多くはいない。先に述べたように、そういう人はすでにどのメディアからも引っ張りだこであり、新しいメディアにはおいそれと連載など持ってはくれない。いきおい、他のメディアからの転載が増えてくるし、記事の内容も〝ＰＶが稼げれば何でもいい〟という状態になってしまう。

しかし、そうしたことを続けていると、もともと少ない、〝オリジナル記事〟の数が相対的に減り、メディアとしてのアイデンティティが失われてしまう。その結果、メディアのクレディビリティ（信頼性）が毀損してしまうのだ。

PVとはテレビでいう視聴率のようなもので、それに囚われすぎると、テレビの二の舞いになってしまう。読者は移り気なもので、一度このメディアは読む価値がない、と判断すると冷徹に離れていく。PVを増やそうと思って躍起になってやっていることが、皮肉なことに読者を離反させる結果となっていることを、みな、肝に銘じるべきだろう。

問題は今の広告収入モデルでは、ウェブ・メディアは持続可能ではない、ということだ。おそらく、ごく一部のメディアしか、利益が出ていないだろう。一つには、ポータル・サイト側がサイトに張り付ける広告による収入が、恐ろしく少ないということがある。数千万PV／月を稼ぐ東洋経済オンラインや、日経ビジネスオンライン、ダイヤモンド・オンラインなど以外、ほとんど広告収入は期待できない。

つまり、メディアが大きくなる前に、運転資金が底をついて競争から脱落してしまうのだ。冷静に考えれば、記事を提供するメディアが消失すれば、ニュースを掲載するポータル・サイトも、キュレーション・アプリも困るわけだが、新興のウェブ・メディアが仮に消滅しても、新聞・テレビといった大手既存メディアからの記事提供が続く限り、問題なくニュース・サイトは持続可能だ。

広告収入が期待できなければ、次は有料課金だが、これまたハードルが高い。読者が良質な記事にお金を払うようになれば救いが出てくるが、今のところ課金システムを取っているメディアは極端に少なく、実際にペイできているメディアはほとんど聞かない。

日本のメディア「cakes（ケイクス）」は、サブカル的な記事で読者を集め、週一五〇円の課金というビジネスモデルを取っている。これも新しい試みだろうが、ペイするかどうかは不透明だ。ウォール・ストリート・ジャーナル日本版も課金している。

有料課金とは別に、〝広告記事〟でスポンサーから収入を得る方法は昔からあった。アメリカの例を見てみよう。アメリカの実際の広告記事がどのようになっているのか。ビジネスとして成功しているのだろうか。

米・広告によるマネタイズの現状――インバウンド・マーケティングの登場

■インターネット広告の売上

二〇一三年、米国でインターネット広告の売上が、テレビ広告を上回った。インターネット広告の二〇一三年における年間売上高は、前年比一七％増の四二八億ドルに上り、過去最高を記録。リーマンショックから順調な回復をみせているテレビ広告を抜いた。

十年前にはわずか七三億ドルであったインターネット広告の売上高は、その後順調に伸び続け、ラジオや新聞、ケーブルテレビの広告売上高を次々と追い抜いてきた。二〇〇七年には二〇〇億ドルを超え、二〇一一年には三〇〇億ドルを超えて、テレビを追い抜くのも時間の問題だと考えられていた。

テレビ広告の売上が減少したというよりは、〝インターネット広告の勢いが止まらない〟といったほうが正しいだろう。背景には、スマートフォンやタブレットの爆発的な普及があるのは間違いない。今後、インターネット広告の売上高は、伸び率こそ鈍化するものの、増え続けるだろう。

■インバウンド・マーケティングとは

現代のアメリカ広告市場において、従来の伝統的な〝アウトバウンド・マーケティング（Outbound Marketing）〟、すなわち、テレビＣＭ、雑誌広告、営業電話、ダイレクト・メールなどの手法はすでに機能しなくなっている。それに代わる手法として注目され始めたのが、ブログやソーシャルメディア（フェイスブックやツイッターなど）を活用した、〝インバウンド・マーケティング（Inbound Marketing）〟だ。

インバウンド・マーケティングとは、広告出稿などに頼るのではなく、興味のある消費者が自ら検索をしたり、ソーシャルメディアで見たりして調べてくれることを想定して、消費者自身に「見つけてもらう」ことを目的としたマーケティング手法である。具体的には、見込み客に対して有益なコンテンツをネット上で提供し、検索結果およびソーシャルメディアにて「見つけられ」やすくすることで、自社のサイトに来てもらいやすくしていくのだ。企業が自ら情報をインターネットで発信し、その商品やサービスに興味を持ってもらい、いわばその企業のファンになってもらい、最終的に購買につなげるマーケティング手法である。

アメリカのソーシャルメディア情報サイトの〝Mashable〟によると、アメリカ人の八六％がテレビCMをスキップし、ダイレクト・メールの四四％が封を切られず、ユーザーの九一％が企業のメルマガ登録を解除した。従来のアウトバウンド・マーケティング手法が通用しなくなっているわけは明白だ。

こうした状況で、企業がフェイスブックやツイッターなどのSNS、自社のサイトなどを利用し、将来の顧客層にアプローチをかけようとするのは、きわめて自然な流れである。アウトバウンド・マーケティングよりインバウンド・マーケティングのほうが、六二%も顧客獲得単価が安いことが分かっており、この流れは日本にも到達している。

■インバウンド・マーケティングの問題点とHubSpotの登場

しかし、インバウンド・マーケティングのためのツールはブログやフェイスブック、ツイッター、SEO（Search Engine Optimization：検索エンジン最適化）などがあり、それらをどう使いこなしたら一番効率よく顧客が獲得できるのか、という問題が浮上してきた。そこに注目したのが、アメリカの〝HubSpot（ハブスポット）〟というマーケティング企業である。創業者であるブライアン・ハリガン氏（CEO：最高経営責任者）とダーメッシュ・シャア氏（CTO：最高技術責任者）の二人がマサチューセッツ工科大学大学院（MIT）で二〇〇四年に知り合った後、二〇〇六年六月に設立された。

HubSpot のコンセプトは「分断されていたコンテンツやツールを、一カ所でコントロールできるソフトウェアを提供すること」だ。フェイスブック、ツイッター、ウェブサイトなどを一括管理するツールを提供している。

企業にインバウンド・マーケティングを効率的に実践させ、利益を最大化するアシストをしているわけだ。

HubSpotの提供する統合ソフトウェアは、CMS（コンテンツ管理システム）やSEO対策、ソーシャルメディア運用、見込み客管理、各マーケティング施策の効果測定・分析ツールなどで構成されており、二〇一四年六月時点で、世界七〇カ国、八〇〇〇社以上の企業に提供しているという。その急成長ぶりからインバウンド・マーケティングへの各企業の関心の高さがうかがえる。

アドバトリアルの変化と活用

■Advetorial（記事広告）に起きた変化

新たなマーケティング方法であるインバウンド・マーケティングが注目を集める中、〝Advetorial（アドバトリアル）＝記事広告〟にも関心が高まっている。「Advetorial」とは「Advertisement（広告）」と「Editorial（記事）」を掛け合わせた言葉である。この仕組みは、純粋な広告ではなく、記事の体裁を取ることで、消費者が受け入れやすくし、読者

（視聴者）の注目を集めるというものだ。

　これまでも、雑誌や新聞などで普通に記事広告は掲載されているし、テレビでの、情報番組やニュースにおける新商品・サービスの紹介、ドラマにおけるスポンサー企業の商品やロゴ露出（プロダクト・プレイスメント）などはよく知られている。

　アドバトリアルが注目される背景には、やはり、雑誌やラジオ・テレビにおける広告収入の減少がある。これまでは、ブログやメールマガジンに記事広告を出したり、大規模なサイトや著名人に依頼して情報の普及を図ってもらったりという手法が取られていたが、現在はSNSやスマートフォン・アプリを通して配信されるものが増えてきた。

　フェイスブックなどは、アドバトリアルではないが、ニュースフィードの間の広告が最近とみに増えてきたと実感する。これからは、検索エンジンだけでなく、SNS、スマートフォン・アプリなどにアドバトリアルが増えていくだろう。

　多くの消費者を記事に引き込む有効な手段として注目を集めるアドバトリアルだが、ジャーナリズムの観点からは、中立性・正確性を損なう危険があるとの声もあがっている。検索エンジン大手、米グーグル社は、アドバトリアル排除の方針を決定している。

■グーグルのアドバトリアル排除の方針

米グーグルは二〇一三年三月、アドバトリアルを含むメディアを、グーグルニュースから排除する方針を決めた。その理由として以下の見解を表明している。

【販売促進並びに商業ジャーナリズムについての注意】
「金銭を受け取って書かれた記事を掲載したり、記事内のリンクを販売するようなメディアを信用することはできない。グーグルニュースはマーケティングのサービスではない。こうした販売促進手法を採用する記事は、我々の品質ガイドラインに違反すると考える」

しかし、実際にはマーケティング上でアドバトリアルの需要が急増しており、多くのメディアが活用している今、グーグルが今後どのような方針を打ち出すか、広告業界もメディアも注目している。

そのグーグルは、サイトをランク付けする指標に、Author Rank（オーサー・ランク：著者の権威）を導入する可能性があると言及している。アドバトリアルはオーサー・ランクにもなんらかの影響をおよぼすのか、今後も議論が続きそうだ。

ネイティブ広告とアドバトリアル

アドバトリアルと似た言葉に、ネイティブ広告というものがある。両者は同じものとしての扱いを受けることもしばしばだが、ここでは、ネイティブ広告の特徴とアドバトリアルとの違いについて言及する。

■ネイティブ広告とは

そもそもネイティブ広告とはどのようなものなのか。ネイティブ広告を単なる記事広告のデジタル版ぐらいに思っている人もいるだろう。しかし、ここでは、「出稿先の媒体やプラットフォームに固有の＝native（ネイティブ）ものである」と定義する。つまり、対象となる媒体に特化した広告を指す。では、ネイティブ広告とアドバトリアルは何が違うのかという疑問がわいてくる。

■ネイティブ広告とアドバトリアルの違い

両者の違いについて、あえて二つのポイントに焦点を当て分類してみる。

まず一つが、「コンテンツ制作者の違い」だ。アメリカのウォール・ストリート・ジャーナルは今年三月、自社の中に、ネイティブ広告を制作する専門部署を作った。このように、ネイティブ広告は媒体内の「広告主向け編集チーム」によって作られる、と定義できる。

一方でアドバトリアルは記事形式で作られた広告であり、これまでも媒体側で作られることはなく、外部プロダクション、代理店、広告主側などで作られている。

二つ目が、「媒体のコンテンツやフォーマットとの統一性」である。ネイティブ広告はフォーマットにおいて、媒体やプラットフォームに一体化し、溶け込んだものとなり、見る人にとって〝違和感〟のない広告形式となる。フェイスブックのニュースフィードに投稿されている広告を見てみよう。友人の投稿と同じフォーマットでさりげなく掲載されていることに気づくだろう。読者・ユーザーが自然に読む感覚に合わせたものが企画・制作・掲載されるのがネイティブ広告だ。

一方でアドバトリアルは必ずしも、媒体やプラットフォーム側とマッチした形式にこだわらない。いわゆる従来の広告と同じような、企業側が送りたいメッセージが前面に出やすいもの、と見ることができる。

しかしこのような分類は普遍的なものではなく、両者を明確に区別しない見方もあり、インバウンド・マーケティングの手法として同列に見る人もいる。テクノロジーの進歩と共に、これからもさまざまな広告形態が生まれていくだろう。テクノロジーが広告を制作するコストをどう削減できるのかに、メディア運営者は期待するだろう。ネイティブ広告やアドバトリアルはそうした期待に応えることができるだろうか。また、ジャーナリズムとしての信頼性との問題も依然存在する。両者が紙面の大きな部分を占《し》めるようになれば、当然読者からは反発が予想され、結局、メディアとしてのブランドは毀損するだろう。そのバランスをどう取っていくのかが課題となる。

米国でのアドバトリアル・ネイティブ広告活用事例

■ワシントン・ポストの取り組み例

そうしたなか、試行錯誤は続いている。米国でのアドバトリアル・ネイティブ広告の活用例を見てみよう。ワシントン・ポストは「BrandConnect」と称するメニューを作った。このサイトは「Sponsored Views」に続く第二弾のアドバトリアル・ネイティブ広告である。

そのホームページには、明確に次のように書かれている。

「BrandConnectは、広告主と読者をつなぐプラットフォームです。すべてのコンテンツは、広告主によって支払われ、制作されています。ワシントン・ポストのニュース・ルームはコンテンツ制作には関与しておりません」

このコンテンツをアドバトリアル・ネイティブ広告と見るかどうかは判断が分かれるだろうが、広告主が提供する記事を、メディアが提供する編集記事と同じようなフォーマットで提供していることや、編集記事見出しを紹介するトップページや、編集記事本文を載せるページに、編集記事とまったく同じ体裁で広告記事が掲載されていることから、筆者は、アドバトリアル・ネイティブ広告の一種だろうと思う。

メディアにとって聖域とされている編集枠に、広告主が作った記事が入り込む。そこで、その枠は「スポンサー作成コンテンツ」と明記したり、ブランドロゴを付けたりして、編集記事でないことを消費者に知らせて工夫はしている。しかし、編集記事と同じ体裁をとり、掲載されていれば、記事広告であっても消費者の目には、そうと映らないかもしれない。一方で、消費者は十分に成熟しており、記事と記事広告の違いは認識している、という専門家もいる。

いずれにしても、ジャーナリズムとしてどこまでが許されるのか議論は尽きない。ジャーナリズムを標榜するメディアなら、記事広告の取り扱いに細心の注意が求められることは間違いない。と同時に、消費者側でのメディア・リテラシーの向上が不可欠といえる。

■スポンサードコンテンツ型のマネタイズ

こうしたさまざまな懸念はありながらも、米国のメディア（Boston.com、フォーブス、ハフィントン・ポストなど）は、自社メディアをコンテンツ・プラットフォームとして企業に使わせる有料サービスを提供し始めている。こうした流れはもはや止めることができないだろう。

世界最大のテックメディアMashableや先日リニューアルしたTheNextWebも導入している。こう見てくると、アドバトリアル・ネイティブ広告は新興ウェブ・メディアがマネタイズするために不可欠な手段とも思える。しかし、あくまで過渡期であり、先に述べたグーグルのような動きもあるので今後どのような問題が生まれるか、予断を許さない。

ただ、明確にいえることは、アドバトリアル・ネイティブ広告は、消費者にとってより有益かつ共感できるような情報を盛り込むことで、より多く閲覧してもらえるように〝進化〟していくべきだということだ。メディアにとって、新たな収益源となりうるのか、それを読者＝消費者が、どう評価するのかが注目される。

第六章　テレビはなぜネットに勝てないのか？

テレビはなぜネットに勝てないのか？　そもそも〝勝つ〟とはどういう意味か？

テレビがネットに勝てない三つの理由

そもそも、テレビとインターネットは競合する存在ではない。インターネットは情報を伝達する巨大なネットワークである。対するテレビ、すなわちテレビ局はコンテンツを制作し、視聴者に届けるのが役割である。しかし、ＩＴ企業がテレビ局を手中に収めようとした時から、おかしなことになった。インターネット＝新興ＩＴ企業＝既存メディアに敵対的買収をかける会社、という構図ができあがってしまったのだ。

繰り返すが、インターネットは企業でもなんでもない。単なる情報を伝達する手段である。テレビ局は、インターネットを遠ざけるのではなく、むしろどう利用したらより多くの視聴者、ユーザーにアプローチできるかを考えなければならなかった。しかし、フジテレビの場合、不幸な買収合戦により、インターネットの持つ力に注目することすらはばかられる空気が社内に蔓延していた。むしろ、インターネットから遠ざかり、その有用性をどう生かしたらいいかを考えてこなかった。それが間違いだった。

テレビはインターネットを通して、自分たちが作ったコンテンツを有効に視聴者に届けていないことが問題なのだ。では、テレビがインターネットに〝勝つ〟とはどういう状態をいうのか？

私は、テレビ局がインターネットに〝勝つ〟ことを以下のように定義した。

「インターネットを通して、ユーザー（視聴者）のニーズに合った新しいコンテンツを、最適なタイミングで、最適なデバイスに届けること」

これができた時、初めてテレビは、インターネットに〝勝て〟た＝〝最大限利用した〟ことになるのではないかと思う。

しかし、それはとてつもなく困難に思える。それは、以下の理由からだ。

①　慢性的マンパワー不足

民放の在京キー局の従業員数は七〇〇～一五〇〇人くらいと、かなり少ない。その中で、ニュースを作っている報道局員は一五〇～一七〇人くらい。記者は、八〇人程度しかいない。そのうち一五人近くは特派員で海外にいるから、国内には六〇～七〇人程度しか記者がいない。それですべての分野のニュースを網羅するのは至難の業だ。

ユーザーに今まで以上に質の高い情報を提供するためには、今のマンパワーでは絶対的に不足する。今のテレビ局の経営方針は、収益性確保のために人員を抑制することのようだが、このままではコンテンツ制作力は落ちる一方だ。

②　視聴率至上主義の番組制作

番組にとって視聴率は神様のようなものだ。絶対逆らえない。すべての番組にそれを当てはめている限り、魅力あるコンテンツ、突き抜けたコンテンツは生まれてこない。番組によっては、視聴率の呪縛から解き放つことが必要だが、それは今のテレビ局には不可能に近い。

③　ネット・リテラシーの弱さ

ネットを通してコンテンツをユーザーに届けるためには、ＩＴの知識は不可欠だ。しかし、いまだにテレビ局には、ツイッターやフェイスブックに実名でアカウントを持つ人すらほとんどいない。

インターネットでどのようにコンテンツを配信していけばいいのか。どうすればユーザーにお金を払ってもらえるのか。考える人もいなければ、そういった発想すらない。また、デバイスも日進月歩だ。スマートフォンはさすがに持っている人が増えたが、タブレットやファブレット（スマホとタブレットの中間）を使いこなしている人は少数派だ。ユーザーの多くが若い世代、特に十代〜二十代が普通に使いこなしているそれらのデバイスに、どのようなコンテンツを配信していったらいいか。そうした議論がない。管理職にそうした知識を吸収しようという気概もない。

以上の理由から、テレビがネットに〝勝つ〟のは限りなく困難だといわざるを得ない。テレビ局に二十年以上もいた人間として、暗澹《あんたん》たる気持ちになるが、しかし、それは不可能なことではない。ただ、〝勝つ〟ためには、テレビ局は発想を一八〇度変えなければならないだろう。

アメリカのバイラル・メディアに学ぶ

今、アメリカで急成長を遂げているバイラル・メディアを見ていると、これが本来のメディアとインターネットの融合ではないか、と思えてくる。そこに日本のテレビ局がネットに〝勝つ〟ためのヒントがある。

まずは、全米ネットワーク・テレビジョンのＡＢＣ、ＮＢＣ、ＣＢＳ、Ｆｏｘや、ケーブルテレビのＣＮＮなどのニュース部門のホームページを見てみよう。日本のテレビ局よりはるかに洗練され、写真も大きく、視覚的に強く訴える作りになっている。日本のテレビ局もようやくニュースの動画配信に力を入れ始めたが、まだそれも最近のことで、比較するとその差は歴然だ。

例えば、ＡＢＣニュースのホームページ（http://abcnews.go.com/）では、トップの大きな画像は新着ニュースだが、数秒おきに画像が入れ替わる。一つのニュースの画像固定ではなく、他のニュースもクリックしてもらうよう工夫されている。ＮＢＣニュース（http://www.nbcnews.com/）もトップの新着ニュースだけでなく、カテゴリー別に大きな写真を配置、読者の興味にすぐ対応できるようにしている。それに比べて、Ｆｏｘニュース（http://www.foxnews.com/）や、ＣＢＳニュース（http://www.cbsnews.com/）、ＣＮＮ（http://us.cnn.com/）は、やや古臭い印象を受ける。写真の大きさ、配置でこんなに印象が変わるのか、と驚く。

一方、今急成長中のバイラル・メディアを見てみよう。まずは、Upworthy（アップワーシー、http://www.upworthy.com/）と、Distractify（ディストラクティファイ、http://news.distractify.com/）、それにViralNova（バイラルノバ、http://www.viralnova.com/）だが、これらはニュース・サイトとはいえないだろう。とにかく再生回数を増やすために動画を見やすく配置しており、前述のニュース・サイトとはまったく別物だ。BuzzFeed（バズフィード、http://www.buzzfeed.com/）にはニュースのカテゴリーがあり、新着ニュースもちゃんとカバーしているので、ニュース・サイトの性格を併せ持っており、他のバイラル・メディアと差別化を図ろうとしているのが分かる。

既存メディアも黙ってはいない。あのワシントン・ポストがバイラル・メディアを立ち上げたのだ。それが、Know More（ノーモア、http://knowmore.washingtonpost.com/）だ。ニュースをグラフィックで、分かりやすく解説している。ただ単に面白い、ショッキングな、思わずくすっと笑ってしまう、そんな動画を提供し、ＳＮＳを使ってサイトへのアクセス数を稼ぐだけでは限界がある、と判断したのだろう。新聞社ならではの面白い取り組みだ。
さらに一歩進めて、政治・経済ニュースに特化したバイラル・メディアも誕生した。IJReview（Independent Journal Review：インディペンデント・ジャーナル・レビュー、http://www.ijreview.com/）がそれだ。政治・経済ニュースに特化といっても、あくまでバイラル・メディアの基本は押さえている。真面目な新着ニュースも掲載しているが、動画などはネットワーク・テレビジョン（Ｆｏｘ Ｎｅｗｓなど）やＣＮＮの動画を拝借して載せている。あくまで〝見せる＝魅せる〟ことに徹しているところがバイラルたるゆえんだ。

実は、このへんに今後のテレビが生き残るヒントがあるのではないか。一生懸命取材してもなかなかニュースの枠にのらない出来事はごまんとある。しかし、ウェブは無限の空間だ。いくら動画を上げようが、いくら記事をアップしようが、関係ない。

新着ニュースを上から順番に掲載していくのではなく、インターネット版はインターネット版として編集するのである。どうしたら視聴者にとって見やすく、分かりやすいニュースが届けられるか、通常のニュースの編成から離れ、まったく別の角度で再編集することが求められる。

データ・ジャーナリズムに学ぶ

ネットに〝勝つ〟もう一つの鍵は、データ・ジャーナリズムだろう。

先にも触れたが、データ・ジャーナリズムとは、膨大なデータを駆使し、分析した結果を、視覚的に訴えることでより分かりやすくする報道の形である。インターネット・テクノロジーがそれを可能にした。まだ日本ではあまり見ないが、アメリカでは二〇一〇年ごろから新聞の紙面作りに積極的に採用されているし、先に述べた一部のバイラル・メディアにも受け継がれている。

実は日本で一番、データ・ジャーナリズムに熱心なのは朝日新聞だ。一四二ページで触れた「データジャーナリズム・ハッカソン」では、八チームに分かれて開発を競い、審査の結果、脳卒中の治療にかかる日数を病院ごとに比較したコンテンツ、「データで透明化する医療」がグランプリに選ばれた。

デジタル技術を使い、多様な表現や音声、インタラクティブ性を駆使してユーザーに新しい体験をさせようという意気込みが見て取れる。例えば、先にも述べたが、二〇一四年二月、ソチ五輪のフィギュアスケート女子フリーが終了した二十四時間後、浅田真央選手の「ラスト・ダンス」というコンテンツを公開した。

主に写真をスライドショーで見せ、音声も付けた。画面いっぱいの浅田選手の写真は、動画より人々の気持ちを引きつけた。ツイッターでは一万以上のツイート、フェイスブックでは七万七〇〇〇近くの「いいね！」を獲得し、ページ閲覧数は公開後三日間で一〇〇万を超えたという。データ・ジャーナリズムとは呼べないが、新しい新聞の試みとして評価できる。

そして、二〇一四年五月には「吉田調書」という、スクープを映像と音声で見せるサイトを立ち上げた。これは、福島第一原子力発電所の当時所長だった吉田氏（故人）の二十八時間におよぶインタビューを朝日新聞がスクープしたもので、これも「ラスト・ダンス」に習い、映像と、吉田氏と東電本社の対策本部との音声によるやり取りなども公開された。しかも紙面ではなくウェブ上のみで公開されたところも新しかった。

こうした流れは、インターネット・メディアの中にも生まれている。Ｙａｈｏｏ！ニュースは巨大ニュース・ポータルであり、数多くのメディアから記事や動画を提供してもらい、それを配信している。そのヤフー社が出資して設立した会社が、THE PAGE（ザ・ページ、http://thepage.jp/）というニュース・サイトを運営している。データ・ジャーナリズムとまではいえないかもしれないが、図表を使って分かりやすくニュースの解説をしようという意気込みが伝わってくる。既存メディアがこうした取り組みをしないことはきわめて残念だ。

既存メディアの対応

難解なニュースを解説するのに、これまで日本の新聞はどうしてきたか。せいぜい、図表を用いて解説記事を分かりやすく工夫したり、一面〜二面、もしくは別版を使って不定期に特集を組んだりしているが、多くの読者に読まれているかといえば疑わしい。それだけで記事の深層まで踏み込んで解説したとはとてもいえないだろう。しかも一過性で、調査報道、継続報道とはとてもいえない。

そういう意味で朝日新聞のデータ・ジャーナリズムは、正しい方向性だろうが、他の新聞社の動きが遅いのが気になる。それにウェブへの取り組みも遅い。どちらかというと、ウェブ版にいかに課金してもらうかに軸足があるようだが、データ・ジャーナリズムを標榜している割にはウェブ版は旧態依然としている。読者に課金してもらいたいなら、営業強化も結構だが、ウェブ版を進化・充実させるのが先決だろう。

一方、テレビは前述したように、BS局でニュースを分析し提言する番組制作に、この四～五年力を入れてきている。しかし、放送は一度流れたら、それで終わり。録画していなければ拡散していってしまう。しかも、BS局は地上波局よりさらにマンパワーも資金も潤沢でないため、番組ホームページはミニマムなコンテンツを掲載するにとどまっている。

テレビがネットに勝つためにやるべきこと

私は、テレビがネットに〝勝つ〟ために、新たに〝バイラル・メディア〟を作ることを提言する。思い切って新しいメディアを作る。これまでどの民放もそんなことをやったことがないだろうから、初めてやった社は注目を集めるだろう。自らバイラル・メディアを作ってしまうのだ。コンテンツはすでに豊富にあるのだから、それをどう利用するか考えればいいだけのことだ。そのためには何が必要なのか、考える。まずは、器を作ることから始めるべきだろう。

①　バイラル・メディア部を作る

報道局の中にバイラル・メディア部を作る。なぜ、報道局内かというと、すべての情報は報道局に集まるからだ。情報を独占している報道局は、情報を外に出したがらない。したがって、報道局のトップが、バイラル・メディアのトップも兼任することが好ましい。そうすることで初めて、これまで蓄積されてきた膨大なデータを分析し、テクノロジーを使って新しいビジュアルのメディアを作ることができるのだ。

当然、この部署には技術スタッフが必要だ。すでにどの民放局にもデジタル・コンテンツを制作する部署があるだろうから、そうした部署を巻き込んでいくことが必要だ。無論、編成も含め、全社横断的な組織にして立ち上げなければ、新しいメディアを立ち上げることなどできないだろう。

そして、新メディアは、社名を排し、まったく新しいブランドとすべきだ。間違えてはならないのは、今あるストレート・ニュースの動画サイトやＶＯＤ（Video On Demand)

とは、完全に〝一線を画す〟ということだ。すでにあるサイトの亜流にとどまっている限り新しいユーザーは来ないだろう。

さて、新メディアの立ち上げとなると、必ず後ろ向きの声が出てくる。

- 人手が足りない。
- 金がない。
- そんなもの成功するかどうか分からない。
- 金がもうかるかどうか分からない。

こうした声は、強いリーダーシップで誰かが引っ張っていくことで解消するしかない。突破する力で乗り切るのだ。これまでの発想の延長線上には理想のバイラル・メディアはない。鍵はこれまで出してこなかった情報をどう加工し、どう見せるかだ。

せっかく蓄積されている情報を洗い出し、価値がある順にプライオリティを付ける。次に、情報を分析し、ユーザーに提供する内容を決め、その次に見せ方を考える。写真なのか動画なのか、音声なのか、図表なのか。とにかく、見やすさ、視認性のよさ、直感を大事にした画像配置、思わず押したくなるソーシャル・ボタンなど、見てもらうための工夫を最大限盛り込むのだ。テレビ局にはこれまでのコンテンツの蓄積がある。それをどう利用するかにかかっている。

次にマンパワーだ。既存の組織では新たにバイラル・メディアを作るのは不可能だ。まずはジャーナリストを確保することから始まる。

②　記者を増やす

すでに数千人の記者がいるＮＨＫはともかく、民放は今は基本的に社員数を減らす方向に動いている。これまでのような右肩上がりの成長曲線を、広告市場では描けないと分かっているからだ。だからこそ、映画など事業分野の多角化を進めてきたのだ。しかし、自前でコンテンツ制作力を弱めたら、結局は面白い番組が減り、視聴率が下がって自分で自分の首を絞めることになるのは明白だ。

そもそも記者はすべて正社員じゃなければいけない、という不文律に縛られる必要はない。すでに多くの民放で関連会社から派遣され、記者をやっている人が少数だがいる。彼らを増やせばいいのだ。スクープを取ったり、よい番組を作ったりしたら、大いに抜擢《ばってき》すればいい。外部スタッフのやる気に社員も触発されるはずだ。

報道局には取材をする記者を抱える取材部門と、番組制作をする部門がある。バイラル・メディアを新たに作るわけだから、取材部門から人を出さなければならない。ただ、どの取材部も人が足りないので、そこに派遣記者を投入すれば、政治、経済、社会、外信、各取材部から記者を集めることができる。社内からインターネット・コンテンツを制作するために必要なエンジニアらも集める必要がある。

そして、なにより、ニュースをきちんと解説できる人間を育てることだ。そうしたベテラン記者が信頼ある報道のブランドを守るのだ。

③ ニュースの解説を強化する（既存の戦力の有効活用）

すでに民放テレビ局には解説委員、もしくはベテラン記者で現場の第一線を退《しりぞ》いている人がいるはずだ。そういう人たちを集め、それぞれの得意分野でニュースを独自にどんどん分析し、解説記事を書いてもらう。それをネット上でどんどん拡散していくのだ。今はやりのキュレーション・アプリにも載せる。要はテレビ局がまったく新しいことを始めたと、社会に広くアピールすることが大事なのだ。

今のままだと旧態依然として何も変わらない、オールド・メディアとの烙印《らくいん》を押されたままになってしまう。それはとても残念なことだ。素晴らしい情報、データ、知識、知見が蓄積されているのに、それを使わない手はない。この提言は、早い者勝ちだ。思い切って舵を切り、惜しみなくリソースを投じたところが勝負に勝つ。

突拍子もない提案だと、テレビ局の人には思われそうだが、実現不可能なアイデアだとは思わない。今あるリソースに少し金をかければ十分可能だろう。テレビが変わり始めた。そういう印象を社会にアピールするチャンスではないか。今、テクノロジーは揃っている。

おわりに

社会は多くの課題を抱えている。特に東日本大震災の後、被災地は復興への長い道のりの中、風化と風評被害に苦しみ続けている。しかし、既存メディアは被災地の情報をほとんど取り上げなくなった。本文でも触れたが、あるテレビ局のプロデューサーは、一年以上前に私にこう言った。「被災地のニュースを取り上げると数字（視聴率）が下がるんだよ」。この言葉がすべてを物語っている。報道しなければならないものが報道できない体質。それがテレビなのだ。視聴率の呪縛に囚われ、そこから抜け出せないのがテレビだといえよう。

ならば、既存メディアとは一線を画した新しいウェブ・メディアを作り、人々に社会が抱える問題についての〝気付き〟を与えよう、と思ったのが、Japan In-Depth（ＪＩＤ）を創刊した理由だ。社会の課題を解決するために人々が行動を起こし始める。ＪＩＤはそんな野望を抱いている。

既存メディア、特にテレビは視聴率によって立つビジネスモデルであるがために、視聴率を稼ぎそうもないニュースは、取材しない、もしくは、取材できない宿命にある。そこをカバーするのが、ウェブ・メディアの役割だ。フットワークが軽く、自由に動ける。誰もが自由に発言できる。

一人ひとりが考えることで、よりよい社会のためにどう動いたらいいのか、考えるきっかけができ、そこに仲間が集まって実際に社会の課題に取り組む活動が生まれたりする。ある人はボランティア活動を行い、ある人は政治に働きかけ、ある人は政治家になって法律を作る。ある人はビジネスを通して、ある人はアカデミズムの世界で発言していく。

では、これからのウェブ・メディアはどうなっていくのか？　私は奇策や秘策の類《たぐい》はない、と思っている。読者が求めている〝良質な記事〟を配信し続けるしかない。どんなに読者におもねって一時的なPVを稼いだところで、記事の中身が薄かったら結局読者は離れていくだろう。SNSの台頭で、情報があふれ、瞬時に情報を共有できるようにはなった。しかし、一方で、人々は情報の洪水にのみ込まれ、情報の真贋を判断するどころではなくなってしまった。だからこそ、情報のキュレーションが必要になってくる。ニュースの背景や分析をタイムリーに提供してくれ、立ち止まって考えるきっかけを作ってくれるメディアが今求められている。

また、海外からの情報発信も必要だ。JIDは、世界各地から寄稿してもらっている。その中にはプロの書き手ではなく、普通に現地で生活している人や、留学生もいる。これらもまた、多くのPVを稼がないかもしれない。だからといって、これを止めたら国内ニュースばかりになってしまう。海外に住む彼らの〝普通の目線〟が、読者に気付きを与えると信じている。

JIDの目指すものは、〝KIZUKI〟と〝ACTION〟である。読者が、何が社会の課題であるかに〝KIZUKI＝気付き〟、次のステップとして、その解決に向け一人ひとりが〝ACTION＝行動〟に移す。その手助けをしたいと思って創刊したものだ。

今後は、〝みんなで政策を作り上げる〟機能を強化していきたい。具体的には、社会の課題について、読者と政策立案者＝政治家にアンケートを実施し、その結果を紙面で分析し、読者に提供する。その課題を解決するために、どのような法律が必要なのか、もしくは法改正が必要なのか、規制緩和なのか？　有権者と政治家がネット上で議論を戦わせていく。

その先にあるものは、よりよい社会の実現のために、みんなが一緒に考えて行動する社会だ。無視する。思考停止に陥る。それは簡単なことだが、未来の社会にとって罪悪である。

ＪＩＤが目指すものは、いわば〝ソーシャル・ロビイング〟だ。日本にはプロフェッショナルな職業としてのロビイストがいない。ロビイストと聞くと特定の団体の利益のために動く人間を思い浮かべるが、社会の課題解決のためのロビイングがあってもいいはずだ。声なき声を掬《すく》い、よりよい社会のために政治を動かし、法律を変える、もしくは新しい法律を作る。政治と有権者をソーシャルにつなぐ。これを、〝ソーシャル・ロビイング〟と呼んでもよかろう。

実際、そうした試みを行っているメディアもすでに出始めた。メディア・アクティビストの津田大介氏が主宰する〝ポリタス〟がそれだ。直近では都知事選について、筆者を含むジャーナリストや識者の記事を載せて多様な意見を一覧できるようにすると共に、ツイートなどを分析し、各候補者の公約などをバルーン・チャートなどで可視化した。有権者の投票行動を支援するサイトとなった。その先には、よりよい政策の実現がある。

その有権者であるが、どのような政策が自分たちの生活にとって必要なのか、現在では非常に分かりにくい。自分たちが必要としている政策をどの政治家が支持しているのか、どこにも情報がない。政党のカラーや、テレビに出ている政治家の発言などから推し量るしかなかった。ＳＮＳが発達した今、政治家のツイートやフェイスブックページなどで、以前よりは大分、思想や信条、政治活動についての情報を得やすくはなってきたが、まだまだ不十分だ。

政治家にとっても、自らの政策・考え方が可視化され、支持者を増やすことができれば喜ばしいことだし、有権者は政治家をより正確に評価する尺度を得ることができる。自分たちが望む政策を推進する政治家を当選させれば、社会の課題を解決するためによりよい選択をしたことになる。二〇一二年にソーシャルなコンセプトを取り入れた番組がＢＳで制作された。政治課題について、政治家や識者からアンケートを取り、その結果を番組で紹介しながら、ネット中継で識者の考えを聞く。ユニークな試みだったが、結局、番組は打ち切りとなった。現場のディレクターやプロデューサーは面白い番組だと思っていたようだが、局の上層部は今一つその取り組みの価値が理解できなかったようだ。ＢＳですらこうだから、地上波にそれを望むのは無理ということだろう。

ＪＩＤは今後、この〝政策決定の過程を可視化する機能〟と一体となった、〝ソーシャル・ロビイング〟に先鞭をつけたい、と考えている。すなわち、解決すべき課題を選定し、国会議員にアンケートを配布、その結果をＪＩＤ上で公表することを予定している。読者＝有権者は、各政治家がその社会的課題に対し、どのようなスタンスで、どのような政治行動をとっているのかが分かる。直接のロビイングではないが、紙面を通し、政治家もその課題について、読者がどう考えているか知ることができる。今までその政治家の思想・信条を知らなかった読者が、その政治家を支持するかもしれない。政治家にとっては支持者の掘り起しにもつながるのだ。

そうした紙面作りを通して、具体的な法制度の整備まで持っていけたら、新しいウェブ・メディアの方向性を示すことができるかもしれない。既存メディアとは一線を画した取り組みであることは間違いない。

多くの人に課題に気付いてもらい、その解決に向け、私たち一人ひとりと政治が同じ方向を向く。そんな社会の実現に、私たちのメディアがその一端を担うことができたら、これに勝る喜びはない。

マネタイズの問題は厳然として新興ウェブ・メディアの前に立ちはだかっている。キュレーション・アプリや日本式バイラル・メディアばかりに投資が集まり、コンテンツを生み出す新興ウェブ・メディアには注目が集まらない状況は、憂うべきことだ。インターネットを駆使した新興のニュースの作り手が消えていけば、その先には何が待っているか。結局、大手の新聞やテレビ局など、既存メディアだけが生き残り、言論の多様性が失われてしまう。

既存メディア離れが進む中、新興ウェブ・メディアの果たすべき役割は重い。従来のメディアにはない、スピードとフレキシビリティを生かし、ＳＮＳ時代に合った情報提供とビジネスモデルを考えねばならない。

私は、元いたテレビ局に、新たなメディアを作れ！と檄《げき》を飛ばしたが、彼らがこの提言を笑い飛ばすか、面白いと思って実際に手をつけるか、分からない。

しかし、彼らがやろうとやるまいと、私たち、ウェブ・メディアは前に進む。新たなメディアのフロンティアは自分たちが拓く。そう信じているからだ。

二〇一四年六月吉日

安倍宏行

PHP新書

PHP INTERFACE
http://www.php.co.jp/

安倍宏行［あべ・ひろゆき］

「株式会社安倍宏行」代表取締役、Japan In-Depth編集長。1955年、東京生まれ。慶應義塾大学経済学部卒。日産自動車などを経て、1992年にフジテレビ入社。報道局取材センター政経部通産省担当記者を皮切りに、総理官邸担当、経済・政治担当キャップを歴任。1996年よりニューヨーク支局特派員となり、1998年、支局長となる。2002年、『ニュースＪＡＰＡＮ』キャスターとなり、滝川クリステル氏とのコンビが視聴者の注目を浴びる。2006年、報道局取材センター経済部長兼解説委員、2009年、『ＢＳフジＬＩＶＥ プライムニュース』解説キャスター（４月１日より2013年３月末まで）。2010年、報道局解説委員、2013年、国際局ゼネラルプロデューサーを経て退職。

絶望のテレビ報道

PHP新書 935

二〇一四年七月二十九日　第一版第一刷

著者――安倍宏行
発行者――小林成彦
発行所――株式会社ＰＨＰ研究所
東京本部――〒102-8331 千代田区一番町21
新書出版部 ☎03-3239-6298（編集）
普及一部 ☎03-3239-6233（販売）
京都本部――〒601-8411 京都市南区西九条北ノ内町11
制作協力 組版――株式会社ＰＨＰエディターズ・グループ
装幀者――芦澤泰偉＋児崎雅淑
印刷所 製本所――図書印刷株式会社

ISBN978-4-569-82019-4

PHP新書刊行にあたって

「繁栄を通じて平和と幸福を」(PEACE and HAPPINESS through PROSPERITY)の願いのもと、PHP研究所が創設されて今年で五十周年を迎えます。その歩みは、日本人が先の戦争を乗り越え、並々ならぬ努力を続けて、今日の繁栄を築き上げてきた軌跡に重なります。

しかし、平和で豊かな生活を手にした現在、多くの日本人は、自分が何のために生きているのか、どのように生きていきたいのかを、見失いつつあるように思われます。そして、その間にも、日本国内や世界のみならず地球規模での大きな変化が日々生起し、解決すべき問題となって私たちのもとに押し寄せてきます。

このような時代に人生の確かな価値を見出し、生きる喜びに満ちあふれた社会を実現するために、いま何が求められているのでしょうか。それは、先達が培ってきた知恵を紡ぎ直すこと、その上で自分たち一人一人がおかれた現実と進むべき未来について丹念に考えていくこと以外にはありません。

その営みは、単なる知識に終わらない深い思索へ、そしてよく生きるための哲学への旅でもあります。弊所が創設五十周年を迎えましたのを機に、PHP新書を創刊し、この新たな旅を読者と共に歩んでいきたいと思っています。多くの読者の共感と支援を心よりお願いいたします。

一九九六年十月

PHP研究所

PHP新書

［社会・教育］

117 社会的ジレンマ　山岸俊男
134 社会起業家「よい社会」をつくる人たち　町田洋次
141 無責任の構造　岡本浩一
175 環境問題とは何か　富山和子
324 わが子を名門小学校に入れる法　清水克彦／和田秀樹
335 NPOという生き方　島田　恒
380 貧乏クジ世代　香山リカ
389 効果10倍の〈教える〉技術　吉田新一郎
396 われら戦後世代の「坂の上の雲」　寺島実郎
418 女性の品格　坂東眞理子
495 親の品格　坂東眞理子
504 生活保護vsワーキングプア　大山典宏
515 バカ親、バカ教師にもほどがある　藤原和博／［聞き手］川端裕人
522 プロ法律家のクレーマー対応術　横山雅文
537 ネットいじめ　荻上チキ
546 本質を見抜く力――環境・食料・エネルギー　養老孟司／竹村公太郎
558 若者が3年で辞めない会社の法則　本田有明
561 日本人はなぜ環境問題にだまされるのか　武田邦彦
569 高齢者医療難民　吉岡　充／村上正泰
570 地球の目線　竹村真一
577 読まない力　養老孟司
586 理系バカと文系バカ　竹内　薫［著］／嵯峨野功一［構成］
602 「勉強しろ」と言わずに子供を勉強させる法　小林公夫
618 世界一幸福な国デンマークの暮らし方　千葉忠夫
621 コミュニケーション力を引き出す　平田オリザ／蓮行
629 テレビは見てはいけない　苫米地英人
632 あの演説はなぜ人を動かしたのか　川上徹也
633 医療崩壊の真犯人　村上正泰
641 マグネシウム文明論　矢部　孝／山路達也
642 数字のウソを見破る　中原英臣／佐川　峻
648 7割は課長にさえなれません　城　繁幸
675 中学受験に合格する子の親がしていること　小林公夫
678 世代間格差ってなんだ　城　繁幸／小黒一正／高橋亮平
681 スウェーデンはなぜ強いのか　北岡孝義
692 女性の幸福［仕事編］　坂東眞理子
694 就活のしきたり　石渡嶺司
706 日本はスウェーデンになるべきか　高岡　望

720 格差と貧困のないデンマーク　千葉忠夫
739 20代からはじめる社会貢献　小暮真久
741 本物の医師になれる人、なれない人　小林公夫
751 日本人として読んでおきたい保守の名著　潮　匡人
753 日本人の心はなぜ強かったのか　齋藤　孝
764 地産地消のエネルギー革命　黒岩祐治
766 やすらかな死を迎えるためにしておくべきこと　大野竜三
769 学者になるか、起業家になるか　城戸淳二／坂本桂一
780 幸せな小国オランダの智慧　紺野　登
783 原発「危険神話」の崩壊　池田信夫
786 新聞・テレビはなぜ平気で「ウソ」をつくのか　上杉　隆
789 「勉強しろ」と言わずに子供を勉強させる言葉　小林公夫
792 「日本」を捨てよ　苫米地英人
798 日本人の美徳を育てた「修身」の教科書　金谷俊一郎
816 なぜ風が吹くと電車は止まるのか　梅原　淳
817 迷い婚と悟り婚　島田雅彦
819 日本のリアル　養老孟司
823 となりの闇社会　一橋文哉
828 ハッカーの手口　岡嶋裕史
829 頼れない国でどう生きようか　加藤嘉一／古市憲寿
830 感情労働シンドローム　岸本裕紀子
831 原発難民　烏賀陽弘道
832 スポーツの世界は学歴社会　橘木俊詔／齋藤隆志
839 50歳からの孤独と結婚　金澤　匠
840 日本の怖い数字　佐藤　拓
847 子どもの問題　いかに解決するか　岡田尊司／魚住絹代
854 女子校力　杉浦由美子
857 大津中2いじめ自殺　共同通信大阪社会部
858 中学受験に失敗しない　高濱正伸
866 40歳以上はもういらない　田原総一朗
869 若者の取扱説明書　齋藤　孝
870 しなやかな仕事術　林　文子
872 この国はなぜ被害者を守らないのか　川田龍平
875 コンクリート崩壊　溝渕利明
879 原発の正しい「やめさせ方」　石川和男
883 子供のための苦手科目克服法　小林公夫
888 日本人はいつ日本が好きになったのか　竹田恒泰
896 著作権法がソーシャルメディアを殺す　城所岩生
897 生活保護vs子どもの貧困　大山典宏
909 じつは「おもてなし」がなっていない日本のホテル　桐山秀樹
915 覚えるだけの勉強をやめれば劇的に頭がよくなる　小川仁志
919 ウェブとはすなわち現実世界の未来図である　小林弘人
923 世界「比較貧困学」入門　石井光太